Berichte aus dem Institut für Umformtechnik der Universität Stuttgart

Herausgeber: Prof. Dr.-Ing. K. Lange

52

Wolfgang Schaub

Untersuchung der Verfahrensgrenzen beim 180°-Biegen von Fein- und Mittelblechen

Mit 24 Abbildungen

Springer-Verlag
Berlin Heidelberg New York 1980

Dipl.-Phys. Wolfgang Schaub
Institut für Umformtechnik
Universität Stuttgart

Dr.-Ing. Kurt Lange
o. Professor an der Universität Stuttgart
Institut für Umformtechnik

ISBN 978-3-540-09881-2   ISBN 978-3-642-52207-9 (eBook)
DOI 10.1007/978-3-642-52207-9

GELEITWORT DES HERAUSGEBERS

Die Umformtechnik zeichnet sich durch sehr gute Werkstoffauswertung und hohe Mengenleistung in der Serienfertigung gegenüber anderen Fertigungsverfahren aus, wobei Beibehaltung der Masse, Änderung der Festigkeitseigenschaften während eines Vorgangs und elastische Rückfederung der Werkstücke nach einem Vorgang wesentliche Merkmale sind. Weiter sind die benötigten Kräfte, Arbeiten und Leistungen sehr viel größer als z.B. bei spanenden Verfahren. Die sichere Beherrschung eines Verfahrens in der industriellen Fertigung und die zunehmende Forderung nach Vermeidung bzw. Minimierung spanender Nacharbeit erzwingen die geschlossene Betrachtung des Systems "Umformende Fertigung" unter zentraler Berücksichtigung plastizitätstheoretischer, werkstoffkundlicher und tribologischer Grundlagen.

Das Institut für Umformtechnik der Universität Stuttgart stellt entsprechend Forschung und Entwicklung zum einen auf die Erarbeitung von Grundlagenwissen in diesen Bereichen ab, zum anderen untersucht und entwickelt es Verfahren unter Anwendung spezieller Meßtechniken mit dem Ziel einer genauen quantitativen Ermittlung des Einflusses der Parameter von Vorgang, Werkstoff, Werkzeug und Maschine. Die Behandlung von Problemen des Maschinenverhaltens, der Maschinenkonstruktion sowie der Werkzeugauslegung und -beanspruchung, der Auswahl hochbeanspruchbarer, verschleißfester Werkzeugbaustoffe und schließlich der Tribologie gehört entsprechend ebenfalls zum Arbeitsgebiet, das durch die Erfassung organisatorischer und betriebswirtschaftlicher Fragen abgerundet wird.

Im Rahmen der "Berichte aus dem Institut für Umformtechnik" erscheinen in zwangloser Folge jährlich mehrere Bände, in denen über einzelne Themen ausführlich berichtet wird. Dabei handelt es sich vornehmlich um Abschlußberichte von Forschungsvorhaben, Dissertationen, aber gelegentlich auch um andere Texte. Diese Berichte sollen den in der Praxis stehenden Ingenieuren und Wissenschaftlern zur Weiterbildung dienen und eine Hilfe bei der Lösung umformtechnischer Aufgaben sein. Für die Studierenden bieten sie die Möglichkeit zur Vertiefung der Kenntnisse. Die seit

zwei Jahrzehnten bewährte freundschaftliche Zusammenarbeit mit
dem Springer-Verlag sehe ich als beste Voraussetzung für das
Gelingen dieses Vorhabens an.

Kurt Lange

<u>Vorwort</u>

Der vorliegende Bericht gibt die Ergebnisse einer Forschungs-
arbeit wieder, die ich während meiner Tätigkeit am Institut
für Umformtechnik der Universität Stuttgart durchgeführt habe.

Herrn Prof. Dr.-Ing. K. Lange danke ich sehr für die stete
Förderung der Arbeit, wie ich auch allen Kollegen danke, die
durch ihre tätige Hilfe die Arbeit ermöglicht haben.

Die Untersuchung wurde von der Deutschen Forschungsgesellschaft
für Blechverarbeitung und Oberflächenbehandlung e.V. mit Mit-
teln des Bundesministeriums für Wirtschaft über die Arbeitsge-
meinschaft Industrieller Forschungsvereinigungen e.V. gefördert.

Stuttgart, im Oktober 1979

                              Wolfgang Schaub

Inhaltsverzeichnis

Schrifttum

[1]   Aluminium + Automobil. INTERNATIONAL CONFERENCE, Düsseldorf
        1976 Aluminium-Zentrale.

[2]   Rechlin, B.: Vergleichende Untersuchungen verschiedener Kalt-
        biegeverfahren für Bleche. Fortschr.-Ber. VDI-Z. Reihe 2,
        Nr. 18 Aug. 1967.

[3]   Stenger, H.: Bedeutung des Formänderungsvermögens für die
        Umformung. BÄNDER BLECHE ROHRE 8 (1967) Nr. 9, S. 599-605.

[4]   Helms, R.: Untersuchung verfahrensbedingter Einflußgrößen
        auf die Aussagefähigkeit des Faltversuches. Arch. Eisen-
        hüttenwes. 46 (1975) Nr. 12 S. 789-794.

[5]   Datsko, J.; Yang, C.T.: Correlation of Bendability of Ma-
        terials with their Tensile Properties. J. Engineering for
        Ind., Nov. (1960) S. 309-314.

[6]   Akeret, R.: Versagensmechanismen beim Biegen von Aluminium-
        blechen und Grenzen der Biegefähigkeit. Aluminium 54 (1978)
        S. 117-123.

[7]   Kienzle, O.; Mietzner, K.: Grundlagen einer Typologie um-
        geformter metallischer Oberflächen. Springer-Verlag, Berlin/
        Heidelberg/New York 1965.

[8]   Dannenmann, E.: Die Abbildegenauigkeit beim Biegen im
        90°-V-Gesenk und ihre Beeinflussung durch Nachdrücken im
        Gesenk. Berichte aus dem Institut für Umformtechnik, Uni-
        versität Stuttgart, Nr. 8. Essen: Girardet 1969.

[9]   Cupka, V.; Nakagawa, T.; Tiyamoto, H.: Fine Bending with
        Counter Pressure. Annals of the CIRP, Vol. 22 (1973),
        S. 73-74.

[10]   Yoshida, K.; Ire, H.; Ishikawa, S.: Determination of Bending Limit by Fracture Stress under Tensile Unbending. Sci.Papers I.P.C.R., Vol. 68 (1974)3, S. 94-99.

[11]   N.N.: Die Verarbeitung der austenitischen Chrom-Nickel-Stähle, Teil II. International Nickel, Düsseldorf 1967.

[12]   Akeret, R.: Versagen von Aluminiumwerkstoffen bei der Umformung infolge lokalisierter Schiebezonen. Aluminium 54 (1978) 3, S. 193-198.

[13]   Akeret, R.: Beobachtungen über die Lokalisierung der Verformung in Aluminiumwerkstoffen. Aluminium 54 (1978) 6, S. 385-391.

Verzeichnis der Abkürzungen

a_0	Ausgangsmeßlänge
b	Blechbreite
ε	Dehnung
ε_a	Dehnung auf der Außenseite eines Biegeteils
ε_b	Breitendehnung
ε_i	Dehnung auf der Innenseite eines Biegeteils
n	Verfestigungsexponent
r	Halbmesser
r_a	Äußerer Biegehalbmesser
r_B	Biegekantenhalbmesser
r_i	Innerer Biegehalbmesser
r_m	Halbmesser der geometrisch mittleren Faser
r_{St}	Stempelkantenhalbmesser
r_z	Ziehkantenhalbmesser
s	Blechdicke
t	Rißtiefe
w	Gesenkweite
Z	Brucheinschnürung

Falls nicht ausdrücklich die Lage der Biegeachse zur Walzrichtung aufgeführt wird, so ist im folgenden bei Richtungsangaben stets die Lage der Probe zur Walzrichtung (WR) gemeint.
Beide Richtungen stehen in einem Winkel von 90° zueinander.

1 Einleitung

In den vergangenen Jahren verstärkte sich die Tendenz, Bauteile
aus Fein- und Mittelblechen vor allem für den Fahrzeugbau durch
Umformen herzustellen. Eine Möglichkeit, örtliche Verdickungen
ohne Schweißen an Konstruktionsbauteilen aus Fein- und Mittelblechen zu schaffen, ist durch 180°-Biegungen gegeben. Kenn-
zeichnend für derartige Biegungen ist, daß sie meist scharfkantig, d.h. mit Innenradien $r_i \approx 0$ ausgeführt werden. Sie un-
terscheiden sich darin von den bei Feinblechen üblichen Verfahren des 180°-Biegens wie Falzen und Bördeln.

Im Karosseriebau, wo 180°-Biegungen in fast allen Blechbauteilen
zu finden sind, ist man seit geraumer Zeit bestrebt, aus Gründen
der Gewichtsersparnis die herkömmlichen Tiefziehbleche aus Stahl
durch solche aus geeigneten Aluminiumlegierungen zu ersetzen [1].
So werden verschiedentlich Al-Legierungen bei der Fertigung von
Türen, Motorhauben und anderen Teilen eingesetzt. Die hierbei
erforderlichen 180°-Biegungen zum Fügen von Außen- und Innentei-
len stellen hohe Anforderungen an das Umformvermögen des Werkstoffes, da der Werkstoff durch den Formgebungsprozeß bereits
eine Vorverfestigung erhalten hat. Während bei Stahlblechen hierbei keine Schwierigkeiten auftreten, hat die betriebliche Praxis
gezeigt, daß die Anwendung von Al-Legierungen schon bei nicht
scharfkantigen Biegungen Probleme bereitet.

Scharfkantige 180°-Biegungen werden aber auch dynamischen Be-
lastungen unterworfen, wie z.B. bei Keilriemenscheiben. Für die
Gebrauchseigenschaften entscheidend sind somit mögliche Fehlererscheinungen im Bereich der scharfkantigen 180°-Biegung, die
zu einem Versagen des Bauteils führen können.

Nach einhelliger Auffassung sind die Verfahrensgrenzen beim Biegen durch das Versagen des Werkstückwerkstoffs gezogen. Als Ver-
sagenskriterium wird das Auftreten von Anrissen in der gedehnten
Faser angesehen, wobei man davon ausgeht, daß dieser Versagensfall dann eintritt, wenn das Formänderungsvermögen des Werkstückwerkstoffs erschöpft ist. Weitgehend offen ist allerdings die
Frage, welcher Werkstoffkennwert zur Beurteilung des Formänderungs-

vermögens herangezogen werden soll.

Darüber hinaus deuteten Ergebnisse einer Voruntersuchung, die
am Institut für Umformtechnik durchgeführt wurde, darauf hin,
daß eine Beeinträchtigung der Gebrauchseigenschaften auch von
der Innenseite eines scharfkantig auf 180° gebogenen Bleches zu
erwarten ist.

Da keine hinreichenden Angaben über die Verfahrensgrenzen beim
scharfkantigen 180°-Biegen vorliegen, schien es angezeigt, eine
Untersuchung dieser Probleme vorzunehmen.

2   Ausgangssituation

Im Schrifttum wurden bislang lediglich die durch Werkstoffversagen gegebenen Verfahrensgrenzen beim Biegen behandelt, welche
i. allg. durch Anrisse in der Außenfaser der Biegeteile gegeben
sind. Aus einer am Institut für Umformtechnik durchgeführten
Voruntersuchung, die ihrerseits durch die Bearbeitung von Ferti-
gungsproblemen aus der Praxis angeregt wurde, ging jedoch her-
vor, daß auf der Innenseite von scharfkantig um 180° gebogenen
Blechen Fehler auftreten können, die eine Beeinträchtigung der
Gebrauchseigenschaften vermuten lassen. Eine Einschränkung der
Gebrauchseigenschaften ist besonders dann zu erwarten, wenn es
sich um Konstruktionsbauteile handelt, die einer dynamischen Be-
lastung unterworfen sind. Da Fehler auf der Innenseite von
scharfkantig um 180° gebogenen Blechen nur durch Zerstörung der
Werkstücke beobachtbar sind, ist dies wohl der Grund, darum
hierüber im Schrifttum noch nicht berichtet wurde.

Die Grenzen der Biegbarkeit, d.h. der Punkt an welchem das Formänderungsvermögen des Werkstoffs erschöpft ist, werden i. allg.
durch den Biegefaktor r_i/s festgelegt.Hierbei ist r_i der innere
Biegehalbmesser des Biegeteils und s die Blechdicke. Bei dem in
theoretischen Betrachtungen verwendeten geometrischen Modell
zur Beschreibung des Biegevorgangs geht man meist davon aus,
daß die Biegung des Bleches nur durch ein reines Moment bewirkt
wird und daß die Blechbreite groß gegen die Dicke des Bleches
ist, so daß ein ebener Formänderungszustand vorliegt. Weiterhin
wird angenommen, daß ebene Querschnitte eben bleiben und daß der
Werkstoff homogen, isotrop und inkompressibel ist.

Für die Dehnung der Außenfaser ergibt sich dann aus rein geometrischen Überlegungen der Ausdruck: $\varepsilon_a = (s/2r_m)$ mit r_m dem
Radius der mittleren Faser. Da die Krümmung des Biegeteils aufgrund der oben genannten Bedingungen entlang des gesamten Bogens
konstant ist, sind auch die Dehnungen konstant über den Biegebogen.

Alle vorab genannten Voraussetzungen und die daraus gezogenen
Folgerungen, etwa betreffend die Dehnungsverteilung, sind beim
180°-Biegen nicht einmal annähernd erfüllt. Das querkraftfreie
Biegen als eine Idealisierung dieses Vorgangs existiert in der
industriellen Fertigung überhaupt nicht. Homogenität und Isotro-
pie des Werkstoffes sind Eigenschaften, die, bedingt durch Unregelmäßigkeiten in der Herstellung der Blechhalbzeuge und
durch den Fertigungsprozeß selbst, kaum erfüllt sind. Allen
Walzerzeugnissen haftet eine mehr oder weniger starke Textur an,
die einen wesentlichen Einfluß auf das Ergebnis eines Umformvor-
ganges hat. Die Forderung, daß ebene Querschnitte beim plasti-
schen Biegen eben bleiben, kann schon aus theoretischen Gründen nicht aufrechterhalten werden. Denn dies hätte zur Folge,
daß die relativen Formänderungen ε_a auf der Innenseite des Biegeteils beim scharfkantigen 180°-Biegen ($r_i = 0$, $r_m = s/2$) den
Wert $\varepsilon_a = -1$ erreichen würden. Mit anderen Worten, die Bogenlänge auf der Innenseite müßte auf den Wert 0 schrumpfen und
somit wäre der Umformgrad unendlich. Der Werkstoff muß also auf
der Druckseite aus der Umformzone in die Schenkel fließen, und
auf der Zugseite wird Werkstoff von den Schenkeln in den Biegebogen fließen. Somit liegen die Formänderungen im Druckbereich
des Biegeteils über den zu erwartenden theoretischen Werten und
an der Außenfaser tendieren sie zu kleineren Werten. Es war zu
erwarten, daß dieser Sachverhalt, der schon beim 90°-Biegen [2]
beobachtet wurde, beim scharfkantigen 180°-Biegen noch etwas
ausgeprägter sein würde.

Maßgebend für das Eintreten des Versagenskriteriums "Anriß in
der Außenfaser" ist die an der Stelle der größten Krümmung auftretende örtlich größte Umfangsdehnung und der im Augenblick des
Versagens herrschende Spannungszustand [3]. Letzterer wird in
starkem Maße von der Geometrie und den Abmessungen der Probe bestimmt [4].

Bislang ist es noch nicht gelungen, einen Zusammenhang zwischen
den im Zugversuch erhaltenen Werkstoffkennwerten und dem Biegefaktor r_i/s zu finden, der eine exakte Beurteilung der Biegbarkeit zuläßt. Die beste Anpassung ist immer noch durch die Bezie-

hung von Datsko und Yang [5] gegeben, die von einigen Autoren
([5], [6]) experimentell überprüft wurde, wobei eine befriedigende Übereinstimmung von Theorie und Experiment festgestellt
werden konnte:

$$r_i/s = \frac{(100 - Z)^2}{200\,Z - Z^2} \, , \qquad\qquad (1)$$

wo Z die Brucheinschnürung ist. Aber auch dieser Gleichung sind
in ihrer Anwendung Grenzen gesetzt, worauf später eingegangen
wird.

Da die in tabellarischer Form vorliegenden Grenzwerte beim Biegen, gegeben durch die kleinstzulässigen Biegeradien, weitgehend
auf Erfahrungswerten beruhen, denen entsprechende Sicherheitszu-
schläge gegeben werden, lassen sich hieraus keine den Anforderungen eines beliebigen Biegevorgangs genügenden Informationen
gewinnen, die eine Abstimmung der Werkstückwerkstoffeigenschaften
auf den Biegevorgang gestatten würden. Dieser Sachverhalt ist gerade für das scharfkantige 180°-Biegen sehr unbefriedigend, da
hier ein durch den Biegevorgang selbst bedingter Grenzwert vorliegt, der an die Eigenschaften des Werkstückwerkstoffs bestimm-
te Anforderungen stellt.

3   Zielsetzung der Arbeit

Da es, wie bereits in Abschnitt 2 dargelegt, hinsichtlich der
auf der Innenseite von 180°-Biegeteilen möglichen Fehlererscheinungen keinen entsprechenden Nachweis im Schrifttum gibt, war
das Ziel der Untersuchung in diesem Punkt, die Entstehungsmechanismen jener Fehler darzulegen. Die hieraus gewonnenen Erkennt-
nisse sollten einerseits ein besseres Verständnis des Biegevorgangs ermöglichen und andererseits zur Verminderung bzw. Unterdrückung derartiger Fehler beitragen.

Mittels hieraus bestimmter, optimaler Verfahrensparameter sollte
dann der zweite Teil der Untersuchung angegangen werden, der
das Versagen von Blechen durch Anriß in der Außenfaser zum The-
ma hatte. Wünschenswert war dabei, einen im Zugversuch ermittelten Werkstoffkennwert zu den im Biegevorgang, speziell beim
180°-Biegen, erzielbaren Formänderungen in Beziehung zu setzen.
Es wurde somit angestrebt, durch eine vergleichende Untersuchung
verschiedener Biegeverfahren und der Ermittlung des Formände-
rungszustandes beim 180°-Biegen für Bleche, an denen solche Bie-
geoperationen in der industriellen Fertigung ausgeführt werden,
zu einer besseren Beurteilung der Verfahrensgrenzen beim 180°-
Biegen zu gelangen.

4   Spalten und Überfaltungen beim scharfkantigen 180°-Biegen

Es lassen sich auf der Innenseite des Biegebogens von scharfkantig um 180° gebogenen Werkstücken zwei Arten von Fehlern beobachten, die sich teilweise überlagern, nämlich Spalten und Überfaltungen. In Bild 1 sind einige Anwendungsbeispiele von Werkstücken
aus der industriellen Fertigung dargestellt, die im Bereich ihrer
scharfkantigen Biegungen die genannten Fehler aufzeigen. Die beiden unteren Beispiele in Bild 1 weisen auf der Innenseite des
Biegebogens, im Gegensatz zur Außenseite, eine starke Aufrauhung
der Oberfläche auf, die zu einer Spaltenbildung führt. Das Beispiel oben rechts im Bild zeigt eine Überfaltung, d.h. eine Unstetigkeit im Verlauf des Innenbiegebogens, die wie eine Kerbe
seitlich in den Biegeschenkel hineinragt. Im Beispiel oben links
von Bild 1 haben sich Spalten gebildet. Darüber hinaus deutet
sich eine beginnende Überfaltung an. Bild 2 zeigt noch einmal
diese beiden prinzipiellen Fehler auf der Biegeteilinnenseite.
Man erkennt hierbei, daß die Unstetigkeit im Verlauf des Biegebogens bei der Überfaltung nicht nur auf die Geometrie beschränkt
bleibt, sondern sich auch in der Orientierung der Körner entlang
des Innenbiegebogens zeigt. Die Körner sind im Bereich der Überfaltung einmal senkrecht zur Oberfläche ausgerichtet und auf der
gegenüberliegenden Seite parallel dazu. Am Ende der Überfaltung
befindet sich dann ein abrupter Übergangsbereich, wo die Korn-
orientierung von einer zur Innenoberfläche senkrechten in eine
zu ihr parallele Lage übergeht. Links in Bild 2 ist eine sehr
ausgeprägte Spaltenbildung zu sehen. Hier sind die Körner an
allen Stellen senkrecht zur Oberfläche ausgerichtet.

4.1   Spaltenbildung

Bei der Spaltenbildung handelt es sich um eine Oberflächenveränderung, die beim freien Umformen stets zu beobachten ist. Es
ist bekannt, daß beim freien Umformen die Oberflächenbeschaffen-
heit eine Funktion der Dehnung ε und der mittleren Korngröße $\bar{d}$
ist [7]. Von Kienzle und Mietzner wurde aber bereits darauf
hingewiesen, daß der Einfluß der Dehnung auf die Oberflächenaufrauhung im Zusammenhang mit dem Umformverfahren zu sehen ist.

Sie stellten weiterhin fest, daß die Aufrauhung der Oberfläche
bei Biegeteilen auf der Innenseite größer ist als auf der Aus-
senseite.

4.2 Überfaltungen

Das 180°-Biegen erfolgt in zwei Stufen. In Bild 2 ist dieser
Sachverhalt anhand von zwei speziellen Verfahrensfolgen dargestellt. Nach dem Vorbiegen liegt, abhängig vom Vorbiegeradius, eine verhältnismäßig große Umformzone vor. Beim Fertigbiegen muß der Werkstoff in der durch den Innenradius $r_i = 0$
gegebenen eng begrenten Umformzone untergebracht werden.
Wird nun mit Behinderung fertiggebogen, so kann sich der Biegebogen nicht frei ausbilden. Das hierbei vorhandene überschüs-
sige Werkstoffvolumen führt zu den Überfaltungen. Die Behinderung kann beispielsweise darin bestehen, daß am Werkzeug ein
Anschlag angebracht werden muß, um eine definierte Werkstück-
endgeometrie zu erzielen. Bild 2 zeigt dies oben rechts. Als
Folge der Behinderung beim Fertigbiegen tritt meist auf der
Zugseite des Biegeteils eine Flachprägung auf, wodurch der
Biegevorgang und der Werkstofffluß beeinträchtigt werden. Die
Behinderung kann allerdings auch durch eine spezielle Form
des Werkstücks gegeben sein, wenn beispielsweise eine gekrümm-
te Biegelinie vorliegt.

Diese Überlegungen machen deutlich, daß die in Bild 1 gezeig-
ten Fehler verfahrensspezifischer Art sind. Es ist deshalb
zweckmäßig, die Vorbiegeverfahren wie auch die Fertigbiegeverfahren unter Berücksichtigung der vorliegenden Ergebnisse in
zwei Gruppen einzuteilen, nämlich in symmetrische (links in
Bild 2) und in asymmetrische Biegeverfahren (rechts in Bild 2).
Dabei soll unter einem symmetrischen bzw. asymmetrischen Biegeverfahren ein Vorgang verstanden werden, bei dem sich ein zur
Winkelhalbierenden symmetrischer bzw. asymmetrischer Verlauf des
Biegebogens einstellt, oder anders formuliert, ein Verfahren,bei
dem die Schrägstellung der Querschnitte, die bei allen Biegeum-
formungen auftritt, symmetrisch bzw. asymmetrisch zur Winkelhalbierenden erfolgt. Beispiele des symmetrischen Verfahrens sind

das querkraftfreie Biegen und das V-Gesenkbiegen. Beispiele
des asymmetrischen Verfahrens sind das Schwenkbiegen und das
Abbiegen.

4.3 Untersuchte Einflußgrößen

Vorbiegeverfahren

Es wurden untersucht: Das 90°-V-Gesenkbiegen mit 5 verschiedenen
Stempelkantenhalbmessern (r_{St} = 1 mm, 2 mm, 4 mm, 10 mm, 15 mm)
und verschiedenen Biegewinkeln im geschlossenen und halboffenen
Gesenk, das Biegen mit elastischen Werkzeugen, das Abbiegen mit
vier verschiedenen Biegekantenhalbmessern (r_B = 1 mm, 2 mm, 4 mm,
8 mm) und schließlich das Schwenkbiegen.

Fertigbiegeverfahren

Hier wurden das unbehinderte Fertigbiegen und das Fertigbiegen
mit Behinderung untersucht.

Probenabmessungen

Untersucht wurden Fein- und Mittelbleche im Bereich von 0,5 mm
bis 4 mm Blechdicke. Außerdem liegen einige Stichversuche mit
gekrümmter Biegeachse vor.

Werkstoffeinflüsse

Die Untersuchung erfolgte an den Werkstoffen RRSt 1403, CuZn 36,
Al 98,7w und X 8 Cr 17. Darüber hinaus wurden der Korngrößen-
einfluß und der Einfluß der Lage der Biegeachse bezüglich der
Walzrichtung untersucht.

Oberflächenbeschaffenheit

Im allgemeinen wurden die Bleche im Anlieferungszustand verar-
beitet. Darüber hinaus wurden einige ausgewählte Versuche mit
polierten und sandgestrahlten Proben sowie diversen beschichteten Blechen durchgeführt.

4.4   Ergebnisse

Das Ausmaß der Fehlererscheinungen wird anhand von Schliffbildern dargestellt. Dazu werden die auf 180° gebogenen Biegeteile in einer zur Biegeachse senkrechten Ebene aufgetrennt und in eine Kunststoffmatrix eingebettet. Das später entstehende Schliffbild liegt damit ebenfalls in einer zur Biegeachse senkrechten Ebene. Das Ergebnis, das dann in Form eines metallographischen Schliffes vorliegt, kann im Mikroskop beobachtet und fotografiert werden.

4.4.1   Einfluß des Vorbiegehalbmessers

Bild 3 zeigt den Einfluß des Stempelkantenhalbmessers beim Vorbiegen auf das Auftreten von Spalten beim Fertigbiegen (ohne Behinderung). Zu vergleichen sind jeweils die beiden nebeneinander abgebildeten Probenschliffe aus dem gleichen Werkstoff. Die linke obere Aufnahme zeigt eine Probe, die im 90°-V-Gesenk mit einem Stmpelkantenhalbmesser von 10 mm vorgebogen wurde. Dagegen wurde im Bild oben rechts mit einem Stempelkantenhalbmesser von 15 mm vorgebogen. Man erkennt deutlich, daß die Spaltenbildung im Beispiel oben rechts ausgeprägter ist. Offensichtlich bewirkt bei Verwenden eines großen Stempelkantenhalbmessers beim Vorbiegen die in den Schenkeln aufgebrachte Umformung eine stärkere Spaltenbildung. In den beiden unteren Schliffen von Bild 3 handelt es sich um Stahlproben, die links unten im Bild mit einem Stempelkantenhalbmesser von 2 mm und rechts unten mit einem Stempelkantenhalbmesser von 10 mm vorgebogen wurden. Auch in diesem Beispiel ist eine stärkere Spaltenbildung beim größeren Vorbiegeradius festzustellen. Außerdem reicht die Spaltenbildung beim großen Vorbiegekrümmungsradius weiter in die Schenkel hinein, was durch die größere Umformzone nach dem Vorbiegen bedingt ist. Der sehr erhebliche Unterschied in der Spaltenbildung zwischen der oberen und der unteren Bildreihe ist auf einen Korngrößeneinfluß zurückzuführen, worauf später noch eingegangen wird. Auch bei den anderen Biegeverfahren, wie dem Biegen mit elastischen Werkzeugen oder dem Abbiegen, verstärkt sich die Spaltenbildung mit zunehmendem Vorbiegekrümmungsradius r_i. Besonders schlechte Ergebnisse wurden

dann erzielt, wenn beim Verwenden eines 90°-V-Gesenkes mit
einem 50°-Stempel, der einen Stempelkantenhalbmesser von 1 mm
hätte, vorgebogen wurde. Zwar ist in diesem Fall der innere
Biegehalbmesser relativ klein, doch die Krümmung reicht weit
bis in die Schenkel hinein, wodurch die Umformzone über das not-
wenige Maß vergrößert wird. Dagegen bleiben die Schenkel beim
Biegen in elastischen Werkzeugen weitgehend gerade, da das Bie-
gemoment gleichmäßig über den gesamten Schenkel eingeleitet
wird. Die Folge davon ist eine insgesamt nur sehr geringe Spaltenbildung.

Die Größe der Umformzone beim Vorbiegen bestimmt somit das Ausmaß der Spaltenbildung beim scharfkantigen 180°-Biegen. Liegt
nach dem Vorbiegen eine große Umformzone vor, so muß auch eine
entsprechend große Werkstoffmenge beim Fertigbiegen verdrängt
werden, damit eine möglichst scharfkantige 180°-Biegung ent-
steht.Da beim scharfkantigen 180°-Biegen die Bogenlänge des
Biegeteils auf ein Minimum reduziert wird, ist es unter Berücksichtigung der genannten Gründe günstig, wenn bereits beim Vorbiegen ein möglichst kleiner Stempel- bzw. Biegekantenhalbmesser verwendet wird. Die Verwendung eines kleinen Stempelkantenhalbmessers beim Vorbiegen ist jedoch noch keine hinreichen-
de Bedingung zum Erzielen eines kleinen inneren Biegehalbmes-
sers am Biegeteil. Dannenmann [8] untersuchte die Abbildegenauigkeit beim Biegen im 90°-V-Gesenk. Die dort gewonnenen Er-
kenntnisse werden hier insoweit bestätigt, als zum Erzielen
einer hinreichenden Abbildung des Stempelkantenhalbmessers r_{St}
am Werkstück bei Stahlblechen das Verhältnis von Gesenkweite w
zu Stempelkantenhalbmesser r_{St} im Bereich $2,5 \leqslant w/r_{St} \leqslant 5$ liegen sollte.

4.4.2   Einfluß der Fertigbiegeverfahren

Die Vor- und Fertigbiegeverfahren stehen hinsichtlich ihrer Auswirkung auf die Spalten- und Faltenbildung in enger gegenseiti-
ger Wechselwirkung. Ist das Fertigbiegeverfahren ein symmetrischer Vorgang (Bild 2 links), dann treten nahezu unabhängig
vom Vorbiegeverfahren auf der Innenseite des Biegebogens ledig-

lich Spalten auf. Ist dagegen das Fertigbiegen ein asymmetrischer Vorgang, dann treten je nach Grad der Behinderung Überfaltungen auf, die dann besonders stark ausgeprägt sind, wenn das Vorbiegeverfahren ebenfalls asymmetrisch erfolgt. Dieser Sachverhalt wird durch Bild 4 verdeutlicht. Oben links ist eine Schwenkbiegeprobe zu sehen, die mit Behinderung und rechts daneben eine gleichartige Probe, die jedoch ohne Behinderung zusammengedrückt wurde. Der Zwang, der mittels der Behinderung auf das Biegeteil ausgeübt wird, begünstigt damit stärkere Überfaltungen. In den beiden Abbildungen darunter wurde jeweils ein symmetrisches Vorbiegeverfahren angewendet. Man erkennt, daß hier allein die Behinderung beim Fertigbiegen eine Überfaltung bewirkt, wenn auch in einem geringeren Ausmaß. Darüber hinaus zeigt das Bild, daß sich Spalten und Überfaltungen gegenseitig überlagern. In Bild 5 sind verschiedene Zusammendrückstadien beim Fertigbiegen von 180°-Biegeteilen dargestellt. Das Bild zeigt, daß die Oberflächenaufrauhung (Spalten) bereits in einem sehr frühen Stadium beginnt. Dagegen tritt die Überfaltung erst im Endstadium des Fertigbiegevorgangs auf, d.h. wenn der innere Biegehalbmesser nur noch Bruchteile der Blechdicke s beträgt (hier: $r_i \approx 0,01$ s).

Somit läßt sich folgendes festhalten: Überfaltungen treten erst im letzten Stadium des Zusammendrückens in Erscheinung. Hieraus läßt sich als naheliegendste Maßnahme zum Vermeiden von Überfaltungen ableiten, daß beim 180°-Biegen die beiden Schenkel nicht vollständig zusammengedrückt werden sollten.

Die Behinderung beim Fertigbiegen kann, so ungünstig sie sich auch auf die Ausbildung des Innenbiegebogens beim scharfkantigen 180°-Biegen auswirkt, einen positiven Einfluß auf die Außenseite des Biegeteils ausüben. Dieser Sachverhalt, der auf zusätzlichen Beobachtungen an dem Aluminiumwerkstoff AlMg 0,4 Si 1,2 basiert, ist in Bild 6 zu sehen. Die beiden hier dargestellten Proben wurden auf die gleiche Weise vorgebogen, dann aber ohne und mit Behinderung fertiggebogen. Durch die Behinderung beim Fertigbiegen überlagert sich dem Biegespannungszustand eine Druckspannung, wodurch einmal eine Abplattung auf der Außen-

seite entsteht, zum anderen aber das Formänderungsvermögen des
Werkstückwerkstoffes günstig beeinflußt wird [9].

Bei dem Werkstoff X 8 Cr 17 treten beim scharfkantigen 180°-
Biegen - neben den bereits angesprochenen Fehlerscheinungen,
nämlich Spalten und Überfaltungen - im Bereich des Innenbiegebogens starke Risse auf. Bild 7 zeigt ein derart gebogenes Werkstück, bei dem es zu einem druckseitigen Anriß gekommen ist.
Die Rißlänge macht hier rund 33 % der Blechdicke aus. Dabei ist
jedoch zu betonen, daß die Außerseite (Zugseite) des Biegeteils
fehlerfrei ist und nicht den geringsten Anriß aufweist. Diese
Aufnahme weist darauf hin, daß ein werkstoffbedingtes Versagen
nicht nur in Form eines zugseitigen Anrisses auftreten kann.

Es ist zu erwarten, daß die Spalten- und Faltenbildung auf der
Innenseite des Biegebogens die Gebrauchseigenschaften der Biegeteile nachteilig beeinflußt. Daher wurden Aufbiegeversuche
in Anlehnung an das von Yoshida [10] beschriebene Verfahren
durchgeführt, um ein quantitatives Maß für die Schädigung im
Bereich des Innenbiegebogens zu erhalten. In Tabelle 1 sind
die Ergebnisse der Aufbiegeversuche zusammengefaßt. Die Tabelle
gibt die auf den Ausgangsquerschnitt bezogene Bruchkraft und
den entsprechenden Vertrauensbereich in N/mm² an. Zu vergleichen
ist hierbei das Fertigbiegen mit und ohne Behinderung, die unterschiedlichen Vorbiegeinnenradien sowie das Schwenkbiegen gegenüber dem V-Gesenkbiegen. Überraschenderweise ist bei Messing
der Einfluß der verschiedenen Biegeverfahren auf die erforderlichen Aufbiegekräfte nur sehr gering. Bei Stahl ergeben sich dagegen deutlich höhere Aufbiegekräfte. Hier zeigt sich auch ein
merklicher Unterschied zwischen Proben, die mit und ohne Behinderung fertiggebogen wurden. Proben, die mittels Schwenkbiegen vorgebogen und mit Behinderung fertiggebogen wurden, benö-
tigen kleinere Aufbiegekräfte als Proben, die im V-Gesenk, das
heißt symmetrisch, vorgebogen wurden. Dies zeigt, daß Überfaltungen die Gebrauchseigenschaften von 180°-Biegeteilen am stärk-
sten beeinträchtigen.

Bemerkenswert ist der Einfluß der Lage der Biegeachse bezüglich
der Walzrichtung auf die Aufbiegekräfte, obwohl ein Einfluß

der Lage der Biegeachse auf die Spalten- und Faltenbildung nicht festgestellt werden konnte. Diese Beobachtung steht allerdings in Einklang mit der Erfahrungstatsache, daß beim Biegen von Stahlblechen dann größere Formänderungen ertragen werden können, wenn die Biegeachse senkrecht zur Walzrichtung liegt.

4.4.3   Einfluß des Werkstückwerkstoffs

Die Bildung von Spalten auf der Innenseite des Biegebogens beim scharfkantigen 180°-Biegen ist eine Erscheinung, die stets, abhängig vom jeweiligen Biegeverfahren, mehr oder weniger ausgeprägt in Erscheinung tritt. Da die Oberflächenveränderung beim freien Umformen unter sonst gleichen Bedingungen abhängig ist vom mittleren Korndurchmesser $\bar{d}$, ist zu erwarten, daß auch die Spaltenbildung beim scharfkantigen 180°-Biegen durch die Korngröße beeinflußt wird. In Bild 8 ist der Einfluß der Korngröße auf das Auftreten von Spalten beim Fertigbiegen dargestellt. Diese Abhängigkeit ist auch in Bild 3 sehr eindrucksvoll sichtbar zwischen der oberen und unteren Bildreihe, wo einmal ein grobkörniges Messing und zum anderen ein feinkörniges Stahlblech verwendet wurde. In Bild 8 sind zwei auf gleiche Weise hergestellte Messingproben zu sehen, die jedoch sehr unterschiedliche Korngrößen aufweisen. Unter den Schliiffbildern sind jeweils die zugehörigen Gefügeaufnahmen des Werkstoffs im Ausgangszustand abgebildet. Der Korngrößenunterschied macht sich deutlich in einer unterschiedlichen Spaltenbildung bemerkbar.

4.4.4   Oberflächeneinflüsse

Nach Kienzle und Mietzner [7] ist der Endzustand einer umgeformten Oberfläche von ihrer "Geschichte" abhängig, d. h. unter anderem auch von ihrem Ausgangszustand. Es war deshalb zu erwarten, daß die Spaltenbildung durch den unterschiedlichen Ausgangszustand der Biegeteiloberflächen beeinflußt wird. Versuche mit künstlich geglätteten (polierten) und künstlich aufgerauhten (sandgestrahlten) Ausgangsoberflächen bestätigen diesen Sachverhalt insofern, als die polierten Proben zu einer feingliedrigeren und absolut gesehen geringeren Spaltenbildung, die sandgestrahlten Proben dagegen zu einer gröberen und auch stärkeren Spaltenbildung führten als Proben, deren Oberfläche im Anlieferungszustand belassen wurde.

Eine weitere Möglichkeit zur Herstellung glatter Oberflächen ist durch das Prägen einer Nut vor dem Biegen gegeben. Dadurch wird auch ein größerer innerer Biegehalbmesser am Biegeteil erzielt, wodurch die Biegung weniger scharfkantig ausfällt [11]. In Bild 9 sind die Auswirkungen einer solchen Maßnahme erkennbar. Hier wurden vor dem Biegen mit einem Stempel, dessen Stempelkantenhalbmesser gleich der Blechdicke s war, mit auf die Längeneinheit bezogenen unterschiedlichen Prägekräften Nuten in den Werkstückwerkstoff geprägt. Mit zunehmender Endprägekraft und damit zunehmender Nuttiefe und Nutbreite geht die Spaltenbildung zurück. Dieser Maßnahme sind jedoch Grenzen dadurch gesetzt, daß mit dem Prägen der Nut eine Werkstoffverfestigung verbunden ist, wodurch möglicherweise das Formänderungsvermögen nachteilig beeinflußt wird. Eine weitere Grenze für die Anwendbarkeit dieser Maßnahme stellen die hohen erforderlichen Prägekräfte dar, wovon man sich leicht anhand der Zahlenangaben in Bild 9 überzeugen kann.

Bei den beschichteten Blechen wurden sehr unterschiedliche Beobachtungen gemacht. Es konnten Schichtablösungen, Schichtaufstauchungen, Schichtverschlingungen aber auch unversehrte Schichten beobachtet werden. Bild 10 zeigt zwei um 180° gebogene Stahlbleche, die mit unterschiedlichen Beschichtungswerkstoffen versehen sind. Bei dem feuerverzinkten Stahlblech (links) werden die Formänderungen des Grundwerkstoffes auf die Beschichtung übertragen. Die Folge davon ist eine Anhäufung des Beschichtungswerkstoffs im Bereich der größten Formänderung. Daneben sind einzelne Anrisse im Beschichtungswerkstoff zu beobachten. Die Spaltenbildung im Grundwerkstoff ist nur gering, was dadurch bedingt wird, daß ein vollständiges Zusammendrücken des Grundwerkstoffs wegen der endlichen Dicke der Beschichtung nicht möglich ist. Im Gegensatz dazu ist bei dem polyesterlackbeschichteten Stahlblech (rechts) eine Ablösung der Beschichtung im Bereich der größten Formänderung zu beobachten. Dies führt zu einer darmartigen Verschlingung des abgelösten Beschichtungswerkstoffs.

Die seitherige Betrachtungsweise richtete sich ausschließlich auf die Beeinträchtigung der Gebrauchseigenschaften durch die Spalten- und Faltenbildung. Die Unterdrückung insbesondere der Faltenbildung kann auch deshalb sinnvoll sein, weil bei diesem Fehler eine Rückwirkung auf die Außenseite des Biegeteils nicht ausgeschlossen werden kann. Bild 11 zeigt Innen- und Außenseite eines 180°-Biegeteils. Dieses Schliffbild läßt vermuten, daß zwischen den verfahrensbedingten Fehlern auf der Innenseite und dem werkstoffbedingten Versagen auf der Außenseite möglicherweise ein Zusammenhang besteht.

4.5 Maßnahmen zur Unterdrückung der Spalten- und Faltenbildung

Aus den vorstehend dargelegten Versuchsergebnissen lassen sich Maßnahmen zur Verminderung der Spalten- bzw. Faltenbildung ableiten. Wenn man scharfkantige 180°-Biegungen herstellt, so ist es günstig, bereits im Vorbiegeverfahren mit kleinem Stempelkantenhalbmesser zu arbeiten. Gleichzeitig sollte ein Überbiegen der Schenkel vermieden werden. Dies kann durch elastische Werkzeuge erreicht werden, oder im Falle des Biegens im V-Gesenk durch eine passende Wahl der Gesenkweite w im Vergleich zum Stempelkantenhalbmesser r_{St}. Für die Ausbildung von frei umgeformten Oberflächen ist weiterhin die Korngröße von Bedeutung.Wie bei anderen Umformvorgängen, hat auch hier die Feinkörnigkeit des Werkstoffs an einer Verbesserung der zug- und druckseitigen Oberflächen von 180°-Biegeteilen entscheidenden Anteil. Die Überfaltungen sind häufig nicht zu umgehen, da in der industriellen Fertigung die Behinderung oft unumgänglich ist, um Fertigungstoleranzen einzuhalten. Hier wäre es wünschenswert, daß beim Fertigbiegen nicht vollständig zusammengedrückt wird.

5   Werkstoffversagen beim scharfkantigen 180°-Biegen

5.1   Durchgeführte Untersuchungen

Die Untersuchung erfolgte an Fein-, Mittel- und Grobblechen im
Bereich von 1 mm bis 8 mm Blechdicke. Der Schwerpunkt der Arbeit
lag jedoch im Bereich der Feinbleche und hier insbesondere bei
den Aluminiumlegierungen mit Blechdicken von s = 1 mm und
s = 1,25 mm. Folgende Werkstoffe wurden dabei verwendet:
AlMg 0,4 Si 1,2; AlMg 5; Al 98,7w; RRSt 1403; X 8 Cr 17; St 37 K;
CuZn 36 sowie ein aus reinem Aluminium bestehendes Blech. Zur
Verfügung stand einmal eine Abbiegevorrichtung zum Vorbiegen auf
90° mit Biegekantenhalbmessern von 1 mm, 2 mm, 4 mm und 8 mm,
sowie eine weitere Abbiegevorrichtung mit einem Biegekantenhalbmesser von 2 mm zum Vorbiegen auf 135°. Diese letzte Vorrichtung
war ausgelegt für Bleche mit maximal 3 mm Blechdicke, weiterhin
stand eine Schwenkbiegemaschine mit einem Biegekantenhalbmesser
von r_B = 0,5 mm zur Verfügung und schließlich eine Gesenkbiege-
vorrichtung mit verschiedenen Stempelkantenhalbmessern und Un-
tergesenken. Das Fertigbiegen erfolgte zwischen ebenen Stauchbahnen mittels einer einfachen Vorrichtung. Alle Biegeoperatio-
nen mit Ausnahme des Schwenkbiegens, das auf einer manuell be-
tätigten Maschine ausgeführt wurde, erfolgten auf einer hydraulischen Prüfmaschine mit einer Nennbelastung von 400 kN. Zwecks
Herstellung von Biegeteilen mit gekrümmter Biegelinie wurden
kreiszylindrische Näpfe aus AlMg 0,4 Si 1,2 (s = 1,25 mm)
RRSt 1403 (s = 1 mm), CuZn 36 (S = 1 mm) und Al 98,7w (s = 1 mm)
mit einem Ziehverhältnis von 1,6 gezogen. Hierbei wurde der
Ziehkantenradius nicht verändert (r_z = 10 mm), dagegen hatte der
Stempelkantenradius Werte von 0,5 mm; 1,0 mm; 2,5 mm und 4 mm,
so daß Näpfe mit verschiedenen Übergangsradien Boden-Zarge ent-
standen, wodurch eine gewisse Abstufung in der Vorverformung erzielt wurde.

5.2 Ergebnisse

5.2.1 Bezogene Rißtiefe

Wie bereits oben erwähnt, ist die Biegefähigkeit eines Werkstoffes durch Angabe des Biegefaktors r_i/s gegeben. Er ist ein Maß für die bezogene Krümmung, die ein Blech ertragen kann, ohne durch Rißbildung zu versagen. Eine exakte Bestimmung dieser Größe setzt zunächst voraus, daß der Punkt, an welchem der Riß eintritt, genau festgelegt werden kann. Da jedoch beim Biegen breiter Streifen keine Einschnürung (wie z. B. im Zugversuch) auftritt, sondern lediglich eine Aufrauhung der Oberfläche, bekannt als "Orangenhaut", ist die Festlegung des Bruchbeginns relativ schwierig. Aus diesem Grunde wurde zunächst an der Legierung AlMg 0,4 Si 1,2 (s = 1,25 mm) die bezogene Rißtiefe t/s beim scharfkantigen 180°-Biegen ermittelt. Die Vorgehensweise ist in Bild 12 dargestellt. Die Rißtiefe wurde als Differenz aus dem äußeren Biegehalbmesser r_a und dem dem Rißgrund zuzuordnenden Halbmesser r_t ermittelt. Bild 13 gibt das Ergebnis der Untersuchung als Funktion der Probenbreite b wieder. Parameter ist die Lage zur Walzrichtung. Bei allen Proben wurden zuvor die Kanten gerundet, so daß der Versagensfall nicht frühzeitig durch Einreißen von den durch die Randaufwölbung hochgestellten Kanten erfolgen konnte. Jeder Meßpunkt wurde als Mittelwert aus mindestens 5 Einzelmessungen erhalten.

Die bezogene Rißtiefe nimmt zunächst mit zunehmender Probenbreite zu, um ab etwa b = 20 mm in einer Parallele zu Abszisse überzugehen. Ab einem (b/s)-Verhältnis von etwa 15 bleibt somit der Einfluß der Querformänderungsbehinderung konstant. Proben, die schmaler als 5 mm waren, konnten nicht untersucht werden, da hier ein Einfluß der Verfestigung der spanend bearbeiteten Seitenflächen auf den Rißeintritt nicht von der Hand zu weisen ist. Weiterhin ist ersichtlich, daß die unter 45° zur Walzrichtung gebogenen Proben die größte Rißtiefe aufweisen und somit für das 180°-Biegen am ungeeignetsten sind. Die kleinsten bezogenen Rißtiefen weisen die Proben auf, welche aus dem Blech unter 90° zur Walzrichtung entnommen wurden.Dies steht im Gegensatz zu Ergebnissen bei Stahlblechen (vgl. Abschnitt 4.4.2),

wo bekanntermaßen die Biegbarkeit unter 90° zur Walzrichtung
am schlechtesten ist. Dieser Sachverhalt läßt sich vermutlich
nur durch das bei Aluminium [12] vorliegende spezielle plastische Verformungsverhalten erklären. Allen Kurven in Bild 13 liegen die gleichen Versuchsbedingungen zugrunde, nämlich:
Vorbiegen (freies Biegen) im 90°-V-Gesenk mit einem Stempelkantenhalbmesser von 2 mm und Fertigbiegen auf 180° mit auf die
Probenfläche bezogener, konstanter Endprägekraft.

Um den Einfluß des Vorbiegeverfahrens zu klären, wurden für die
Probenbreite b = 20 mm, was bereits einem unendlich breiten Blech
entspricht, weiterhin die Vorbiegeverfahren Abbiegen auf 90° und
Abbiegen auf 135° sowie das Schwenkbiegen untersucht. Die Ergebnisse sind bis auf das Schwenkbiegen ebenfalls in Bild 13 zu
sehen. Die Werte für das Schwenkbiegen fehlen in dieser Darstel-
lung, da sie teilweise weit über 0,4 liegen. Es kam vor, daß
Schwenkbiegeproben vollständig durchrissen. Auffallend ist aber,
daß die Abbiegeproben und hier insbesondere diejenigen, die auf
135° vorgebogen wurden, sehr niedrige Rißtiefen aufweisen. Liegt
dabei die Biegeachse in Walzrichtung, so ist die bezogene Rißtiefe gleich Null. Es wurden weiterhin Proben untersucht, die
durch V-Gesenkbiegen mit einem Stempelkantenhalbmesser von 15 mm
vorgebogen wurden. Diese zeigen geringere bezogene Rißtiefen als
entsprechende Proben, die mit einem Stempelkantenhalbmesser von
2 mm vorgebogen wurden. Eine Erklärung, warum die Abbiegeproben
weit geringere Rißtiefen aufweisen als die V-Gesenkbiegeproben,
kann wie folgt gegeben werden. Da das V-Gesenkbiegen ein symmetrischer Vorgang ist, bleibt während des ganzen Freibiegevor-
gangs der Ort des maximalen Momentes auf die Symmetrieebene beschränkt. Dadurch ergibt sich beim V-Gesenkbiegen eine örtlich
größte Umfangsdehnung nach dem Vorbiegen, die größer ist als bei
Anwendung des Abbiegeverfahrens. Der asymmetrische Vorgang beim
Abbiegen bewirkt dagegen, daß das Biegeteil über die Biegekante
abrollt (vgl. Bild 14), so daß der Ort der größten Beanspruchung,
bezogen auf einen festen Punkt im Biegeteil, wandert. Die Dehnungen verteilen sich gleichmäßiger über den Umformbereich, so
daß die für das Auftreten von Anrissen maßgeblichen örtlich
größten Umfangsdehnungen kleinere Werte erreichen als beim V-

Gesenkbiegen. Die Ergebnisse beim Schwenkbiegen liegen, wie bereits weiter oben erwähnt, weit über den Werten der anderen Biegeverfahren (t/s(45°) = 0,63; t/s (90°) = 0,48; t/s (0°) = 0,70). Der Grund hierfür ist in dem sehr kleinen Biegekantenhalbmesser von r = 0,5 mm zu suchen, der im Verhältnis zur Blechdicke der Legierung AlMg 0,4 Si 1,2 zu klein ist. Dadurch wird ein Abrollen unmöglich, so daß sich die Verformung auf einen engen Teilbereich des Biegebogens beschränkt.

5.2.2 Breitenformänderungen

Maßgeblich für das Eintreten des Bruches ist nicht nur die Formänderung, die der Werkstoff bis zum Bruchbeginn ertragen muß, sondern der Spannungszustand, der im Augenblick des Versagens vorliegt. Das Formänderungsvermögen wird in den Bereichen der Umformzone zuerst erschöpft sein, in denen der ungünstigste Spannungszustand herrscht. Da der Bruch i.allg. von der Außenfläche des Biegeteils ausgeht und die Radialspannung hier verschwinden muß, liegt an der Außenfläche ein ebener Spannungszustand vor. Die kleinere der beiden Spannungskomponenten, nämlich die Querspannung, wird dabei durch die Querformänderungsbehinderung beeinflußt. Die beim Biegen auftretenden Querformänderungen hängen nun entscheident von der Probenbreite und von der Eigenschaft des Werkstoffes ab, sich mehr in Breiten- oder Dickenrichtung zu verändern, d. h. vom jeweiligen r-Wert des Werkstoffes. Am Werkstoff AlMg 0,4 Si 1,2 wurden daher die Breitenformänderungen für Proben der Breiten 5 mm, 10 mm und 20 mm bestimmt. Hierfür erhielten die Proben ein Meßraster in Form von parallelen und äquidistanten Linien zur Probenlängsachse. Der Abstand der Linien betrug 1 mm. Bild 15 zeigt die gemessene Breitendehnung ε_b als Funktion des auf die Blechbreite bezogenen Abstands von der Probenmitte. Die Messungen erfolgten jeweils im Scheitel der 180°-Biegeteile. Es ist ersichtlich, daß die Querformänderung an den Probenrändern am größten ist und zur Probenmitte abfällt. Für 10 mm breite Proben verschwindet die Querformänderung in Probenmitte fast vollständig. Bei 20 mm breiten Proben erreicht die Querformänderung bereits im Abstand von 5 mm vom Probenrand den Wert 0, so daß in Probenmitte eine vollkommene Querformände-

rungsbehinderung vorliegt. Die dadurch aufgebauten Querspannun-
gen haben das gleiche Vorzeichen wie die Biegespannungen und
üben somit einen ungünstigen Einfluß auf das Formänderungsvermögen bzw. die Biegbarkeit des Werkstoffes aus. Hiermit erklärt
sich auch die Tatsache, daß beim Biegen der Rißbeginn in Probenmitte bzw. in einer gewissen Entfernung vom Probenrand einsetzt.
Dies setzt jedoch voraus, daß am Probenrand kein Schneidgrat vor-
handen und daß der Werkstoff auch sonst homogen ist. Die in Abschnitt 4.1 dargelegten Ergebnisse erhalten dadurch eine plausi-
ble Erklärung und Bestätigung.

Um die Querformänderung ganz zu unterbinden, wurden Biegeteile
mit geschlossener Biegelinie hergestellt. Dazu wurden mit konstantem Ziehverhältnis von 1,6 kreiszylindrische Näpfe aus den
Werkstoffen AlMg 0,4 Si 1,2; RRSt 1403; CuZn 36 und Al 98,7w
gezogen. Der Ziehstempel hatte einen Durchmesser von 50 mm.
Gleichzeitig wurde der Einfluß der Vorverformung untersucht, in
dem Näpfe mit verschiedenen Stempelkantenhalbmessern gezogen
wurden. Die Zargen der Näpfe wurden dann in verschiedenen Höhen
abgestochen. Der verbleibende Bord konnte mit Hilfe einer hierfür geeigneten Vorrichtung auf ca. 135° angekippt werden. Das
Fertigbiegen erfolgte dann wieder zwischen ebenen Stauchbahnen
sowohl mit als auch ohne Behinderung. Hierbei wird die Behinderung durch eine zylindrische Vorrichtung bewerkstelligt, in die
das fertigzubiegende Teil einzulegen ist. Durch die Behinderung
wird somit ein Wegfließen des Werkstückwerkstoffes unterbunden
und es können Werkstücke mit engen Fertigungstoleranzen hergestellt werden. Die Ergebnisse dieser Untersuchung sind für den
Werkstoff AlMg 0,4 Si 1,2 in der Tabelle 2 wiedergegeben.
Tabelle 2 gibt jeweils an, ob Versagen eintritt, was durch eine
0 gekennzeichnet ist, oder ob das Teil anrißfrei ist, was durch
eine 1 gekennzeichnet ist. Entgegen der ursprünglichen Annahme,
daß die Teile aufgrund der verstärkten Querformänderungsbehinderung allesamt versagen sollten, gibt es in der Tabelle 2 einen
Bereich, in dem kein Werkstoffversagen - nicht einmal unter dem
kritischen Winkel von 45° zur Walzrichtung - festgestellt werden konnte. Bild 16 zeigt ein fehlerfreies Teil aus AlMg0,4 Si 1,2.
Zunächst sei auf die Versagensfälle eingegangen, die das Gebiet

mit den fehlerfreien Teilen eingrenzen. Das Versagen von Teilen mit Zargenresthöhen von h < 6 mm (jeweils 1., 2. und 3. Spalte der Tabelle 2) ist nicht durch den Werkstoff bedingt, sondern hier wurde eine Verfahrensgrenze erreicht, die sich durch ein Durchstülpen der Teile bemerkbar machte. Grund hierfür ist ein zu großer Öffnungswinkel des Ankippwerkzeugs.
Das Durchstülpen der Teile läßt sich gegebenenfalls durch Anwendung eines Gegenhalters vermeiden. Bei den Teilen mit einer Zargenresthöhe von 15 mm traten beim Ankippen so große radiale Druckspannungen auf, daß es zur Faltenbildung kam.

Die anrißfreien Teile (mit 1 gekennzeichnet) sind gerade deshalb fehlerfrei, weil die in der Zargenresthöhe beim Fertigbiegen entstehenden radialen Druckspannungen einerseits zu klein sind, um Faltenbildung zu verursachen, andererseits aber genügend groß, um den Spannungszustand im Biegebereich so günstig zu beeinflussen, daß Anrisse ausbleiben. Obwohl bei den Flachbiegeproben aus AlMg 0,4 Si 1,2, die unter 45° zur Walzrichtung entnommen wurden, unabhängig vom Biegeverfahren Anrisse auftraten, treten diese bei kreiszylindrischen Biegeteilen mit geschlossener Biegelinie unter günstigen Verfahrensbedingungen nicht auf.
Die aus den übrigen Werkstoffen gefertigten kreiszylindrischen Biegeteile waren - abgesehen von den o. a. verfahrensbedingten Fehlern - alle anrißfrei geblieben.

5.2.3   <u>Azimutale Dehnungen</u>

Das Versagen von Biegeteilen in Form von zugseitigen Anrissen wird unter sonst gleichen Bedingungen durch die örtlich größte Umfangsdehnung bestimmt. Letztere wird einmal von den Eigenschaften des Werkstückwerkstoffes und zum anderen von bestimmten Verfahrenskenngrößen beeinflußt. Die beim scharfkantigen 180°-Biegen auftretenden Randdehnungen sind nach der Theorie über den gesamten Bogen konstant und haben den Wert $\varepsilon_a = 1$. Abweichungen zwischen theoretischen und experimentellen Werten konnten aber bereits bei kleineren Winkeln [2] nachgewiesen werden. Um die Dehnungen beim scharfkantigen 180°-Biegen experimentell zu bestimmen, wurden Bleche aus verschiedenen Werkstoffen und unterschiedlicher Dicke mit einem Meßraster versehen. Das Raster bestand aus äquidistanten Linien, welche an den Probenseitenflächen angebracht wurden, so daß nach dem 180°-Biegen das verzerrte Liniennetz zur Bestimmung der Dehnungsverteilung verwendet werden konnte. Der Abstand der Linien, die mit einem Höhenanreisser (Genauigkeit $\pm$ 0,01 mm) aufgebracht wurden, betrug i. allg. etwa s/10. Das Prüfen auf Äquidistanz und das Ausmessen der Linien nach dem 180°-Biegen erfolgte auf einem Profilprojektor. Insgesamt beeinflussen vier Faktoren Verlauf und Größtwert der Dehnungen beim 180°-Biegen. Dies sind:

1. das Biegeverfahren,
2. die Größe des Vorbiegeradius,
3. die Blechdicke,
4. die Werkstoffeigenschaften.

In die Untersuchung einbezogen wurden die in Abschnitt 5.1 aufgeführten Biegeverfahren. Die experimentell ermittelten Dehnungsverläufe wurden einer Ausgleichsrechnung unterzogen. In den meisten Bildern sind die durch die Ausgleichsrechnung gewonnenen Dehnungsverläufe ohne Meßwerte eingetragen. Bild 17 gibt die Dehnungsverläufe für verschiedene Werkstoffe und Blechdicken in Abhängigkeit vom Biegeverfahren wieder. Aufgetragen ist die Dehnung ε_a als Funktion der Abwicklung des Biegebogens. Die Abszissenachse ist hierbei in willkürliche Einheiten aufgeteilt. Eingetragen sind jeweils die Länge des Biegebogens und die Lage des abgebogenen Schenkels, sofern ein asymmetrisches Biegeverfahren angewendet wurde. Die Untersuchung der Verfahrensabhängigkeit wurde jeweils mit konstantem Biegekantenhalbmesser bzw. Stempelkantenhalbmesser von r = 2 mm durchgeführt. Eine Ausnahme bildet das Schwenkbiegen, wo lediglich eine Maschine mit einem Biegekantenhalbmesser von r = 0,5 mm zur Verfügung stand.

Eindeutig zeigen diejenigen Proben, die durch Abbiegen auf 135° bzw. 90° vorgebogen wurden, die günstigsten Dehnungsverläufe, d.h. sie weisen gegenüber den anderen Biegeverfahren die kleinsten maximalen Dehnungswerte auf. Proben, welche im V-Gesenk vorgebogen wurden, zeigen höhere Dehnungswerte als die entsprechenden Abbiegeproben, liegen aber stets unter den Werten für das Schwenkbiegen. Die hier vorliegenden Ergebnisse bestätigen die Verfahrenseinflüsse, die sich bereits bei der Rißtiefenuntersuchung in Abschnitt 5.2.1 abzeichneten.

Zusammenfassend kann gesagt werden, daß das Abbiegen im Hinblick auf eine Verminderung der örtlich größten Umfangsdehnung das zur Herstellung von scharfkantigen 180°-Biegeteilen günstigste Vorbiegeverfahren darstellt.

Am Beispiel eines 4 mm dicken Tiefziehbleches soll der Einfluß des Biegekantenhalbmessers auf die Dehnungsverteilung von 180°-Biegeproben diskutiert werden. Nach den in Bild 18 dargestellten Dehnungsverläufen nimmt die örtlich größte Umfangsdehnung mit zunehmendem Biegekantenhalbmesser ab. Gleichsinnig nimmt die Breite der Kurven zu. Darüber hinaus wird der Kurvenverlauf etwas symmetrischer.

Eine exakte Beurteilung des Blechdickeneinflusses auf die Dehnungen könnte im Grunde nur vorgenommen werden, wenn die Bleche unterschiedlicher Dicke derselben Charge entstammen und eine gleiche Vorbehandlung vorausgesetzt werden kann. Dies ist jedoch kaum zu erreichen. Dennoch soll dies am Beispiel der Aluminiumwerkstoffe demonstriert werden. Wie man den Bilden 17, 19 und 20 entnehmen kann, nimmt mit steigender Blechdicke die örtlich größte Umfangsdehnung stark zu. Beim 5 mm dicken Blech erreicht sie sogar einmal den Wert 2, wobei jedoch Werkstoffversagen eintritt.

Die Einflüsse von Blechdicke und Biegekantenhalbmesser sind dabei nicht unabhängig voneinander. Vielmehr kommt es offenbar auch auf das Verhältnis von Blechdicke zu Biegekantenhalbmesser an, was hier jedoch nicht näher untersucht wurde.

Hinsichtlich des Werkstoffeinflusses ist ein grundsätzlicher Unterschied zwischen den Aluminiumlegierungen und den Stahlblechen hervorzuheben. Es weisen nämlich die Aluminiumlegierungen durchweg größere Dehnungswerte auf als die Stahlbleche. Während die Stahlbleche der Dicke 1 mm, 2 mm und 4 mm bei den Abbiegeverfahren größtenteils eine maximale Dehnung von etwa 0,9 erreichen und damit unter dem theoretischen Wert von 1 bleiben, weisen die Aluminiumlegierungen Dehnungswerte auf, die meist über 1 liegen. Besonders drastisch erscheinen hier die Ergebnisse für das 5 mm dicke Aluminiumblech, wo maximale Dehnungen bis zu 2 auftreten. Dieser Unterschied erklärt sich aus den beim Aluminium auftretenden Verformungsinhomogenitäten ([12],[13]), die sich in Form von lokalisierten Schiebezonen bilden. Der Grund eines solchen duktilen Einschnitts ist dann Ausgangsort für einen Schiebebruch. Die lokalisierten Verformungen der Aluminiumlegierungen machen sich im Verlauf der Dehnungsverteilungen dadurch bemerkbar, daß die Kurven "schlanker" sind, d. h. eine kleinere Halbwertsbreite besitzen als die entsprechenden Kurven für die Stahlbleche.

An einem 8 mm dicken Stahlblech aus St 37 K wurden ebenfalls die Dehnungen bestimmt. Im Ausgangszustand konnte der Werkstoff bis auf einen Winkel von 124° gebogen werden, wobei der innere Biegehalbmesser r_i = 3 mm groß war. Dies entspricht einem Biegefaktor r_i/s von 0,375, woraus sich die Dehnung an der Außenfaser des Biegeteils zu ε_a = 0,57 berechnet. Gemessen wurde dagegen eine örtlich größte Umfangsdehnung von 1,05, also fast das doppelte des theoretischen Wertes. Bei diesem Biegefaktor trat auch stets das Versagen durch Anriß in der Außenfaser ein. Es kann angenommen werden, daß hierfür die im Blech aufgrund der Kaltumformung gebliebenen Restspannungen verantwortlich sind. Es wurden daher Biegeteile aus diesem Werkstoff bei 870 K spannungsfrei geglüht und im Ofen abgekühlt. Der so behandelte Werkstoff wurde zwecks Entfernung der Zunderschicht sandgestrahlt. Obwohl die Oberfläche des Werkstoffes dadurch wesentlich verschlechtert wurde, konnten die Teile anrißfrei scharfkantig auf 180° gebogen werden (vgl. Bild 21). Das Vorbiegen erfolgte dabei im V-Gesenk mit einem Stempelkantenhalbmesser von 10 mm. Bild 22 zeigt die Dehnungsverteilung einer unbehandelten Probe, die bei einem Winkel von 124° (r_i = 3 mm) versagte und einer spannungsarm geglühten Probe. Die örtlich größte Umfangsdehnung ist in beiden Fällen gleich 1,05. Die 180°-Biegeprobe hat jedoch einen wesentlich breiteren Kurvenverlauf, da die Umformzone in die Schenkel reicht.

5.3.4 Einfluß einer Vorverformung

Da an den im Fahrzeugbau eingesetzten Blechwerkstoffen, an denen
eine 180°-Biegung vorgenommen werden muß, bereits eine Vorverformung durch den kombinierten Streck- und Tiefziehvorgang aufgebracht wird, ist die Kenntnis des kleinstzulässigen Biegehalb-
messers gerade für die Werkstoffe AlMg 0,4 Si 1,2 und AlMg 5
von Interesse. Die hierbei auftretende zweiachsige Vorreckung
konnte nicht realisiert werden. Es wurde jedoch mit Hilfe einer
mechanischen Prüfmaschine an Flachzugproben nach DIN 50 114
eine Vorreckung bewirkt. Die vorgereckten Zugproben wurden zu
Biegeproben umgearbeitet, durch Abbiegen vorgebogen und bis
zum Versagenseintritt durch Anriß in der Außenfaser weitergebo-
gen. Anschließend wurde der Biegefaktor bestimmt. Das Ergebnis
dieser Untersuchung ist in Bild 23 wiedergegeben. Alle Kurven
steigen zunächst sehr stark an, um dann bei größeren Vorreckgraden abzuflachen. Das stärkere Ansteigen des Biegefaktors für
die AlMg 5-Legierungen bei größeren Vorreckgraden ist durch den
höheren Verfestigungsexponenten dieser Legierung bedingt ($n=0,3$
für AlMg 5 bzw. $n = 0,24$ bei AlMg 0,4 Si 1,2).

Der größere Verfestigungsexponent des AlMg 5 bewirkt, daß der
Spannungs- und Formänderungszustand bereits früher als beim
AlMg 0,4 Si 1,2 einen kritischen Wert erreicht, so daß bei gros-
sen Vorverformungen die Biegbarkeit des AlMg 5 gegenüber der-
jenigen des AlMg 0,4 Si 1,2 vermindert ist.

5.3.5 Brucheinschnürung und Werkstoffversagen

Aus den in den vorangegangenen Abschnitten wiedergegebenen Ergebnissen läßt sich noch keine Aussage über die Eignung von
Werkstoffen für das 180°-Biegen machen. Diese Untersuchungen
dienten lediglich der Ermittlung geeigneter Verfahrensparameter. Es liegt nahe, die in Gleichung (1) wiedergegebene Abhängigkeit des Biegefaktors von der Brucheinschnürung auch auf das
180°-Biegen anzuwenden. Für scharfkantige 180°-Biegeteile müßte
dabei der Biegefaktor den Wert 0 haben. Das bedeutet aber, daß
die Brucheinschnürung den Wert 100% erreichen müßte, damit die

rechte Seite der Gleichung (1) ebenfalls zu Null wird. Dies ist
jedoch aus physikalischen Gründen unmöglich, da es keinen Werkstoff gibt, der eine Brucheinschnürung von 100% besitzt. Tat-
sächlich gibt es eine ganze Reihe von Werkstoffen mit Brucheinschnürungen weit unter 100%, die sich dennoch scharfkantig auf
180° biegen lassen. Damit hat man sowohl einen theoretischen
als auch experimentellen Beweis dafür, daß die Beziehung (1)
ihre Gültigkeit für das scharfkantige 180°-Biegen verliert.
Da die Gleichung (1) jedoch für kleinere Formänderungen eine
recht befriedigende Übereinstimmung mit den experimentellen Werten liefert, muß davon ausgegangen werden, daß wenigstens eine
Voraussetzung, die dieser Gleichung zugrunde liegt, für das
scharfkantige 180°-Biegen unzutreffend ist.

Die an den unterschiedlichsten Werkstoffen und Blechdicken ge-
machten Beobachtungen ergaben, daß sich die Blechdicke beim
scharfkantigen 180°-Biegen nicht verändert. Daraus folgt, daß
die mittlere Faser identisch ist mit der ungelängten Faser.
Gerade das Gegenteil ist aber Voraussetzung für die Herleitung
der Beziehung (1), d. h. daß ungelängte Faser und mittlere Faser
verschieden sind. Die Annahme, daß ungelängte Faser und mittlere Faser identisch sind, führt zu einer Beziehung [9], die
wesentlich einfacher ist als die Beziehung (1):

$$r_i/s = \frac{50}{Z} - 1 \qquad\qquad (2)$$

Wie man leicht sieht, wird hier der Biegefaktor bereits bei
einer Brucheinschnürung von 50% zu Null (Bild 24). Für Brucheinschnürungen, die größer sind als 50%, erhält man negative Bie-
gefaktoren. Dies bedeutet aber nichts anderes, als daß sich der
Werkstoff für Brucheinschnürungen > 50% auf jeden Fall scharfkantig auf 180° biegen läßt.

Um hierfür eine Bestätigung zu erlangen, wurden anhand der in
den vorangegangenen Abschnitten verwendeten Werkstoffe die Brucheinschnürungen bestimmt und mit den Biegeversuchen verglichen.
Darüber hinaus wurde der Werkstoff St 37 K für diese Untersuchung herangezogen. Die Ergebnisse sind in Tabelle 3 wiederge-

geben. Die Werte für die Brucheinschnürung wurden mit einem
Meßmikroskop an Flachzugproben nach DIN 50114 ermittelt. Die
Bestimmung der Bruchfläche erfolgte dabei aber nicht nach
DIN 50145, da in dieser Norm die Brucheinschnürung so bestimmt
wird, daß jeweils die kleinste Probenbreite bzw. die kleinste
Probendicke zur Bestimmung der Bruchfläche herangezogen wird.
Dies führt in jedem Fall zu einer zu großen Brucheinschnürung.
Vielmehr wurde versucht, die Brucheinschnürung durch Festlegung
einer ihr äquivalenten Rechteckfläche zu bestimmen. Für die da-
bei ermittelten Brucheinschnürungswerte ergeben sich je nach
Probendicke unterschiedliche Vertrauensbereiche. Die im Rahmen
dieser Vertrauensbereiche ermittelten Einschnürwerte (vgl. Tabelle 3) geben eine gute Bestätigung für die Annahme, daß der
Wert 50% für die Biegbarkeit einen Grenzwert darstellt in dem
Sinne, daß Bleche mit Brucheinschnürungen $\geq$ 50% anrißfrei und
scharfkantig auf 180° gebogen werden können. Damit ist ein Kriterium gegeben, das es gestattet, die Biegbarkeit von Werkstoffen zumindest für das scharfkantige 180°-Biegen mittels eines
im Zugversuch gewonnenen Werkstoffkennwertes zu beurteilen.

Es muß jedoch folgendes dabei beachtet werden. Um eine Beurteilung von Blechen hinsichtlich ihrer Biegbarkeit auf 180° vor-
nehmen zu können, ist es erforderlich, daß die Zugproben das
gleiche (b/s)-Verhältnis aufweisen wie das zu biegende Blech.
Gegebenenfalls müssen Proben verwendet werden, die von den in
den DIN 50114 angegebenen Abmessungen abweichen.
Hat das zu biegende Blech ein sehr großes (b/s)-Verhältnis (quasi
unendlich breites Blech), so genügt es selbstverständlich, für
die Zugstäbe (bei gleicher Blechdicke) ein (b/s)-Verhältnis zu
wählen, das den Wert 15 nicht überschreitet.
Um den Einfluß von Unregelmäßigkeiten in der Blechqualität eli-
minieren zu können, ist es empfehlenswert, wenn dem o. g. Wert
für die Brucheinschnürung von 50% ein Sicherheitszuschlag von
5% gegeben wird.

6   Zusammenfassung

An scharfkantig um 180° gebogenen Werkstücken konnten auf der
Innenseite des Biegebogens im wesentlichen zwei Fehlerarten
nachgewiesen werden (Spalten und Überfaltungen). Beide Fehlerarten sind in erster Linie verfahrensbedingt. Durch Einteilen
der angewendeten Biegeumformverfahren in symmetrische und asymmetrische Verfahren, konnten die Entstehungsmechanismen der genannten Fehler festgestellt werden. Darüber hinaus ist ein Korngrößeneinfluß beim Auftreten von Spalten feststellbar. Die Beeinträchtigung der Gebrauchseigenschaften durch die genannten
Fehlererscheinungen konnte anhand von Aufbiegeversuchen nachgewiesen werden. Am Beispiel des Werkstoffes X 8 Cr 17 konnte gezeigt werden, daß ein werkstoffbedingtes Versagen der Biegeteile, das durch Anrisse derselben gegeben ist, nicht notwendiger-
weise von der Außenfaser ausgehen muß, sondern wie hier im Falle des 180°-Biegens von der Innenseite des Biegeteils erfolgen kann. Ein ursächlicher Zusammenhang zwischen verfahrensbedingten Fehlern auf der Innenseite und werkstoffbedingtem Versagen auf der Außenseite des Biegebogens von 180°-Biegeteilen
ist möglicherweise gegeben.

An verschiedenen Aluminium- und Stahlblechen mit Dicken von
1 bis 8 mm wurden die Grenzen der Biegefähigkeit beim 180°-
Biegen untersucht. Dabei stellte sich ein prinzipieller Unterschied in der Umformbarkeit zwischen diesen beiden Werkstoff-
gruppen heraus, der durch das spezielle Verformungsverhalten
der Aluminiumwerkstoffe bedingt ist. Die Aluminiumwerkstoffe
müssen beim Biegen unter sonst gleichen Bedingungen höhere
Formänderungen ertragen als Stahlbleche. Dieser Nachteil kann
jedoch durch eine geeignete Kombination von Vor- und Fertigbiegeverfahren teilweise kompensiert werden.

Als günstigstes Verfahren zum Erzielen von anrißfreien 180°-
Biegeteilen stellte sich das Abbiegen heraus.

Durch die Wahl geeigneter Verfahrenskenngrößen lassen sich in
bestimmten Fällen zylindrische Teile mit geschlossener Biege-

linie aus Werkstoffen herstellen, die sonst beim scharfkantigen
180°-Biegen mit gerader Biegeachse teilweise Werkstoffversagen
aufweisen.

Die ermittelten optimalen Verfahrensparameter zum Erzielen von
möglichst fehlerfreien Biegeteilinnenseiten haben, hinsichtlich
ihrer Auswirkung auf die Außenfaser der Biegeteile, teils eine
gegenteilige Wirkung.

Aufgrund der empirisch ermittelten Tatsache, daß die Blechdicke
beim scharfkantigen 180°-Biegen konstant bleibt, läßt sich ein
Kriterium für die Möglichkeit einer scharfkantigen 180°-Biegung
ableiten.

7   <u>Bilder, Tabellen</u>

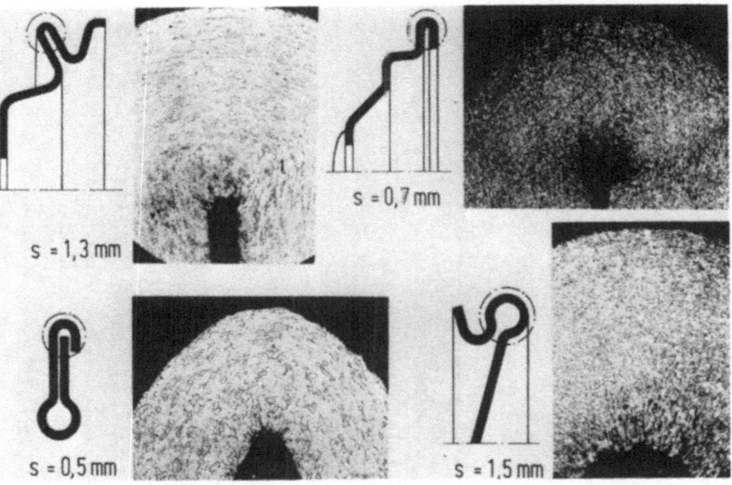

Bild 1: Anwendungsbeispiele für das 180° - Biegen

links oben: Keilriemenscheibe

rechts oben: rotationssymmetrisches Gehäuseteil

links unten: Lüfterlamelle

rechts unten: Deckel eines Bremskraftverstärkers

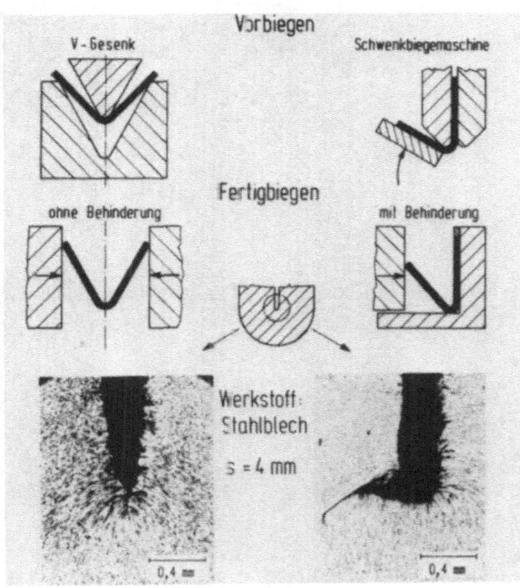

Bild 2: Einfluß des Biegeverfahrens auf die Spalten- und Faltenbildung

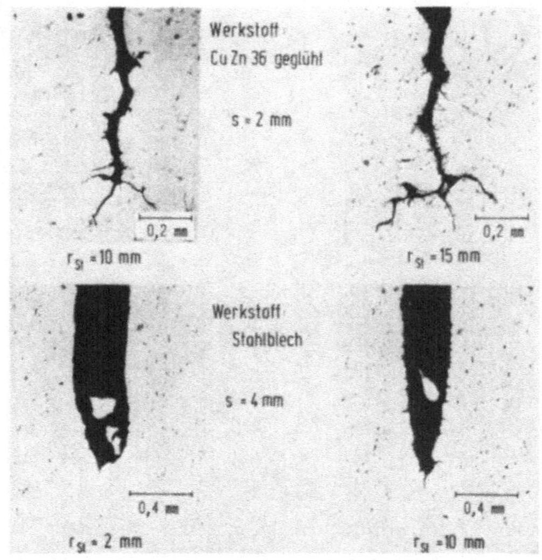

Bild 3: Einfluß des Vorbiegehalbmessers auf die Spaltenbildung

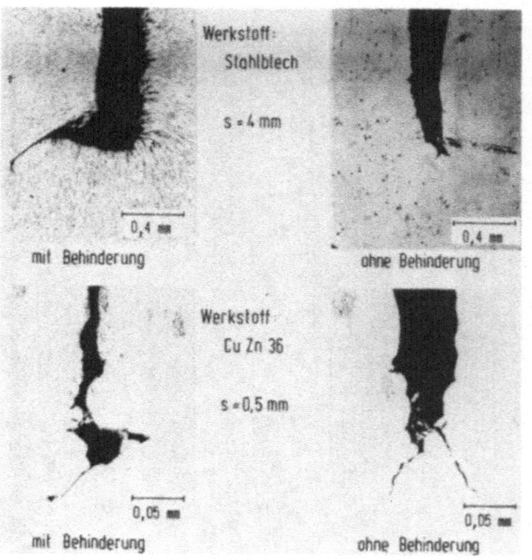

Bild 4: Auswirkung der Behinderung beim Fertigbiegen

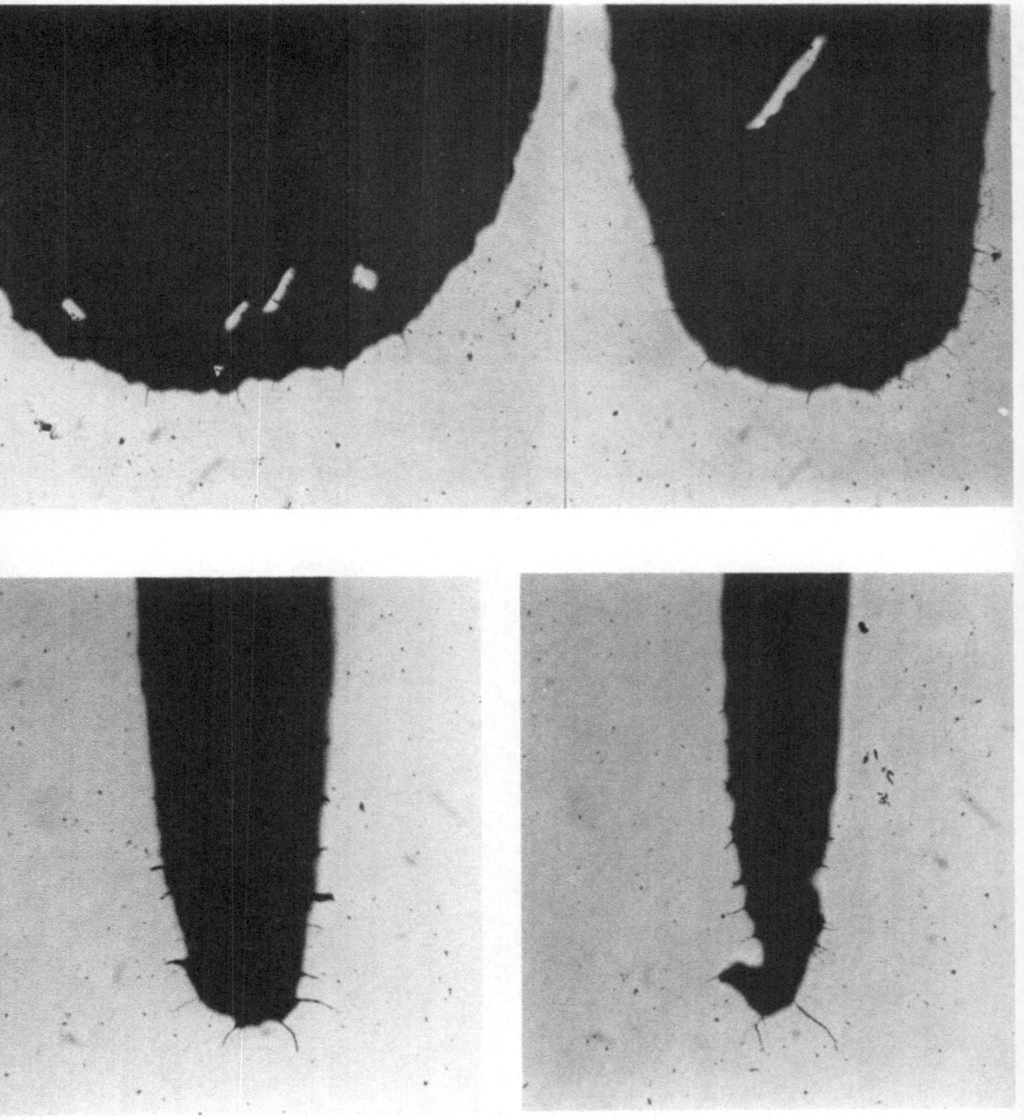

Bild 5: Verschiedene Fertigbiegestadien

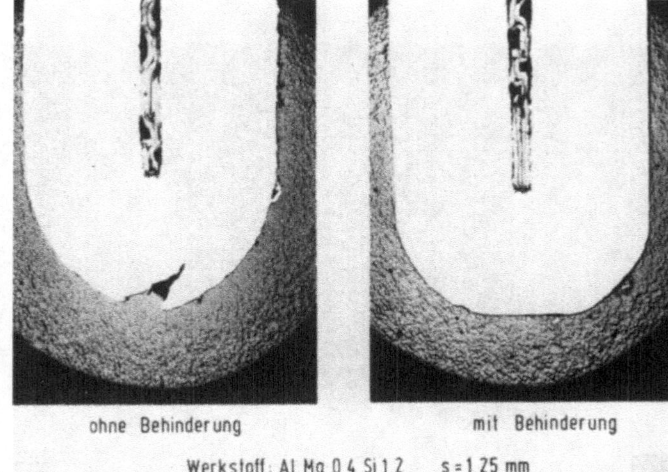

Bild 6: Einfluß der Behinderung beim Fertigbiegen auf die
Entstehung von Anrissen in der Außenfaser

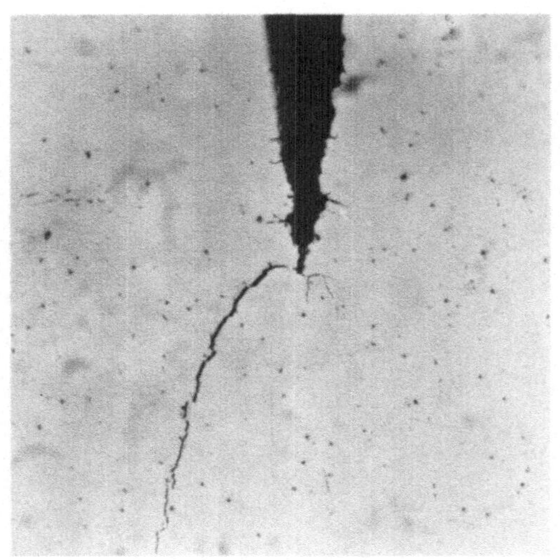

Bild 7: Rißbildung auf der Innenseite eines 180° - Biegeteils

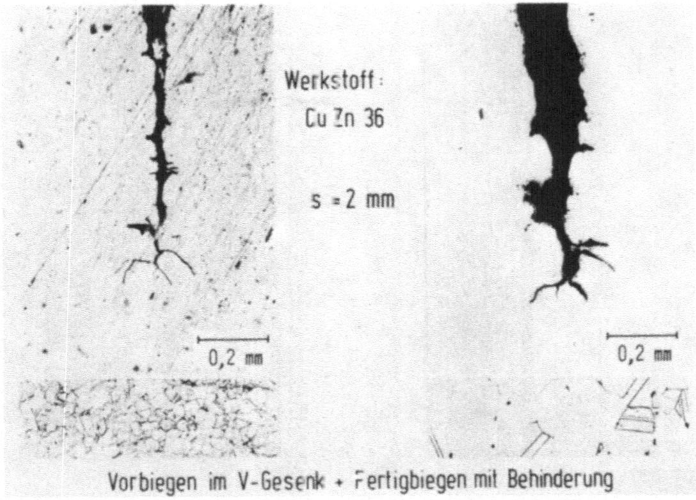

Bild 8: Einfluß der Korngröße auf die Spaltenbildung

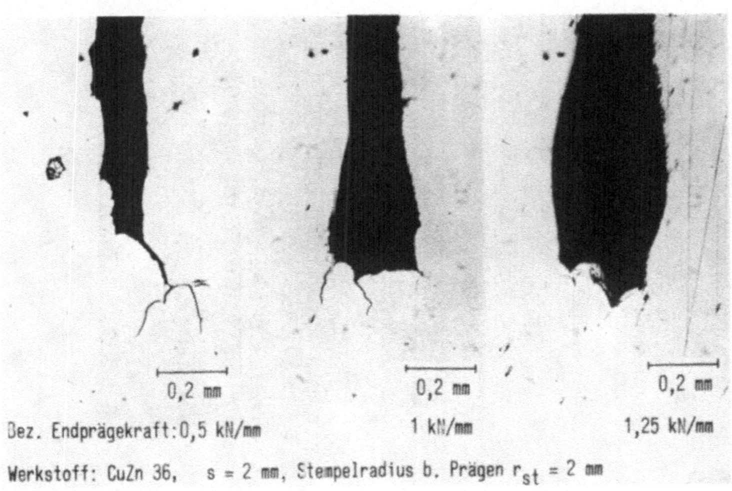

Bild 9: Ausbildung des Innenbogens nach dem Prägen einer Nut

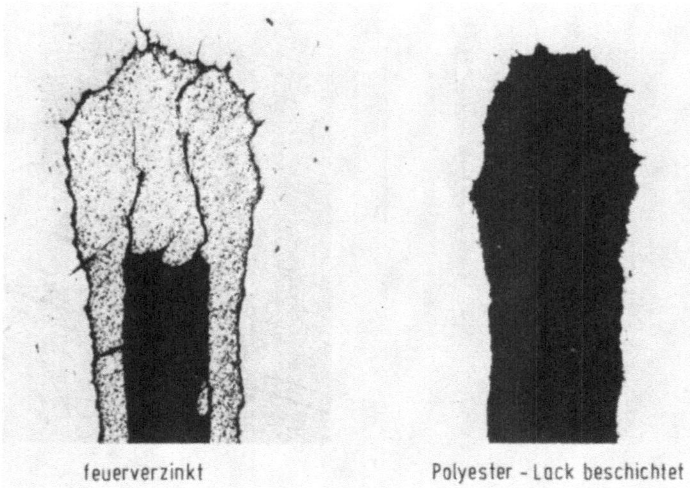

Bild 10: 180° - Biegungen an beschichteten Blechen

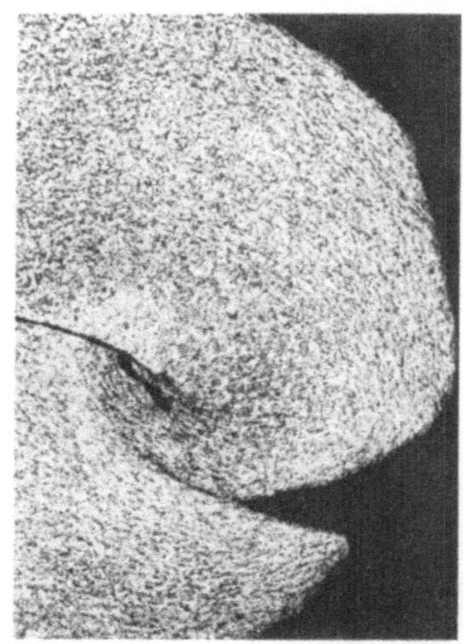

Bild 11: Wechselwirkung der Fehler auf der Innen- und
Außenseite eines 180° - Biegeteils

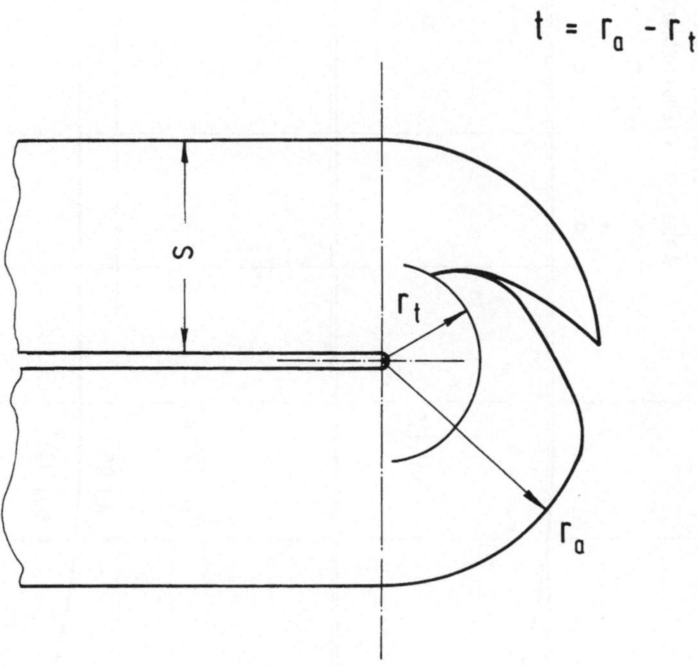

Bild 12: Ermittlung der Rißtiefe t

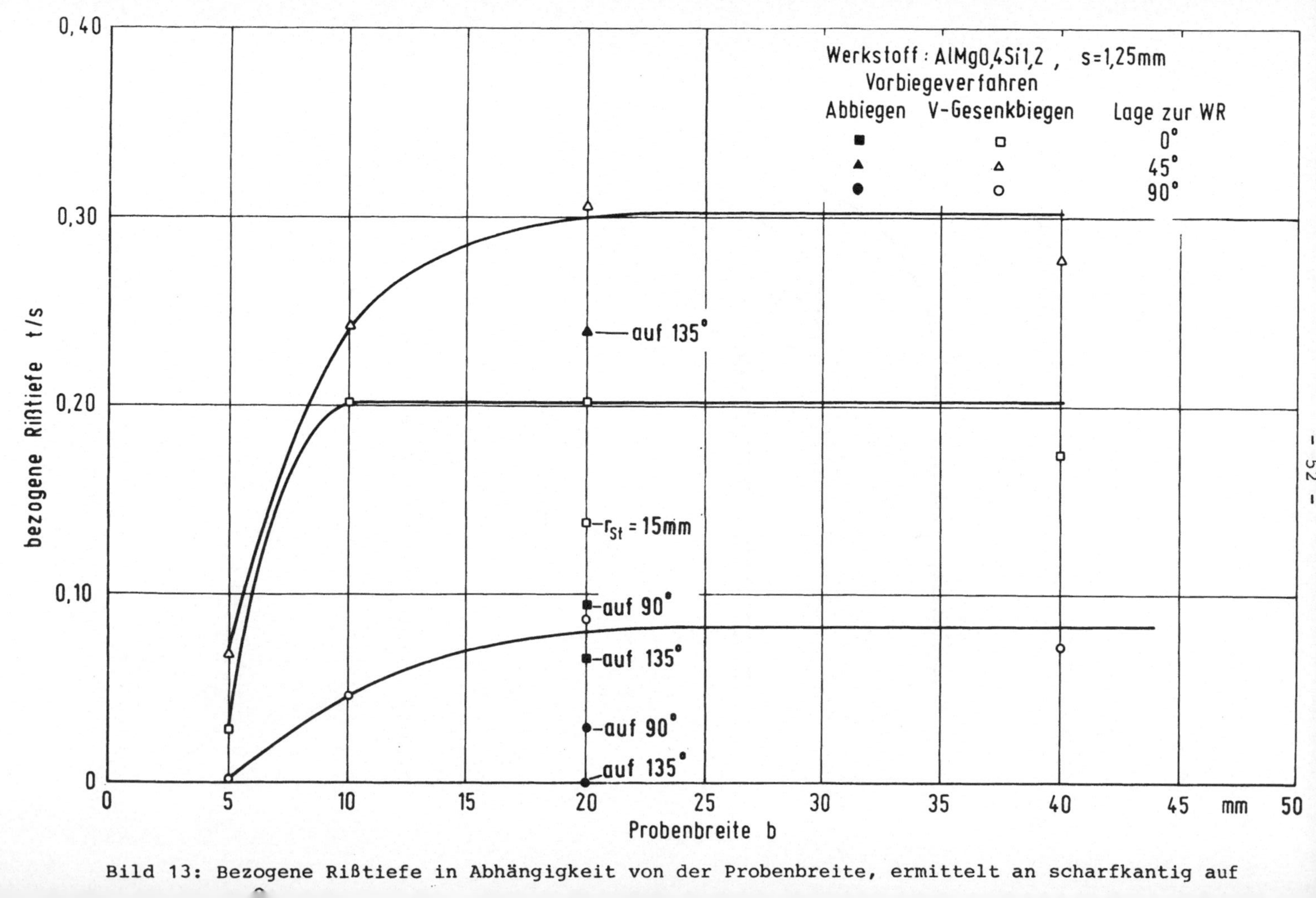

Bild 13: Bezogene Rißtiefe in Abhängigkeit von der Probenbreite, ermittelt an scharfkantig auf

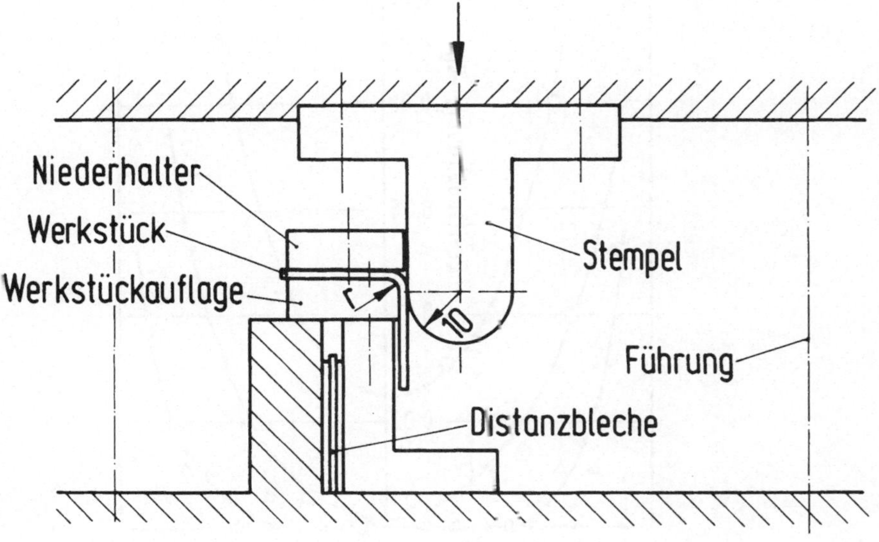

Bild 14: Abbiegewerkzeug

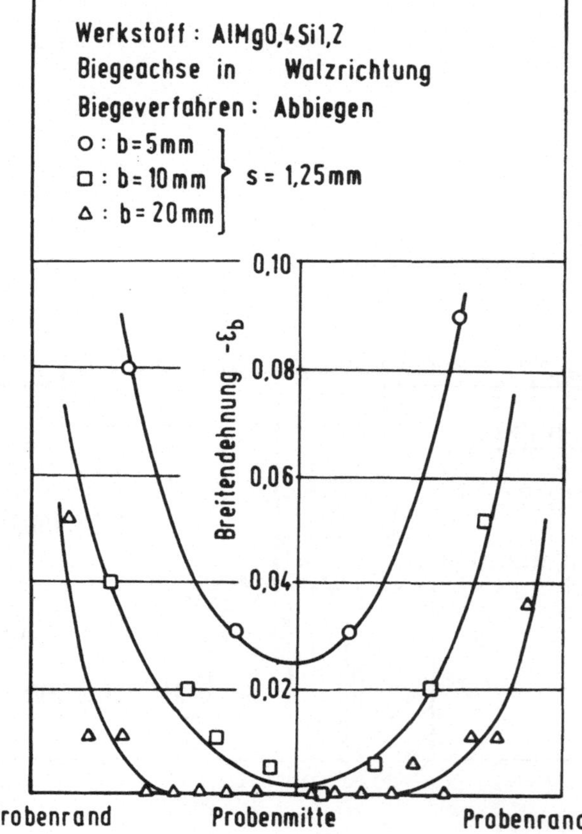

Bild 15: Verlauf der Breitendehnung an scharfkantig auf 180° gebogenen Blechen im Scheitel des Biegebogens

Bild 16: scharfkantig gebogenes, kreiszylindrisches Teil aus dem Werkstoff AlMg0,4Si1,2

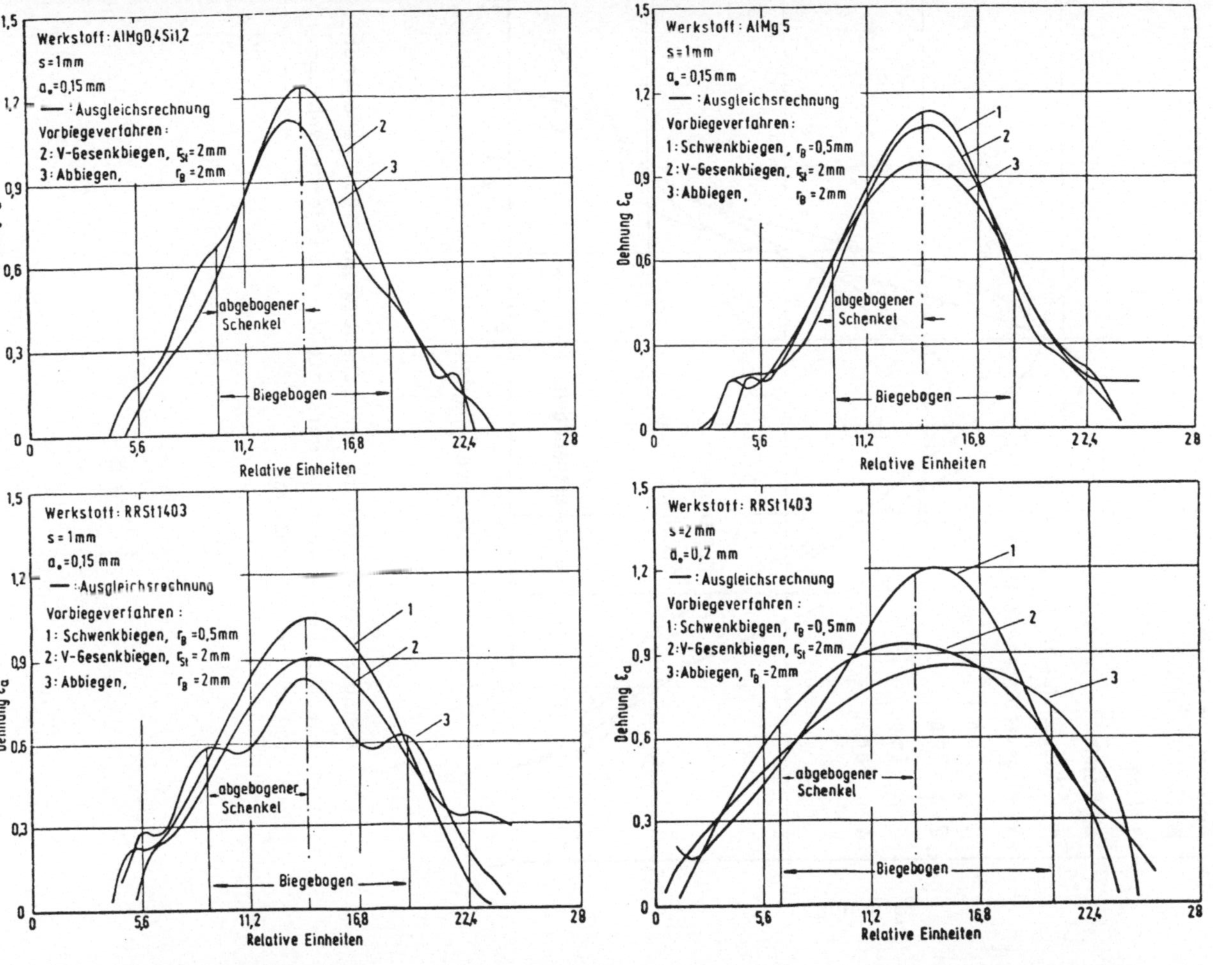

Bild 17: Dehnungsverteilung an 180°-Biegeteilen aus verschiedenen Werkstoffen.

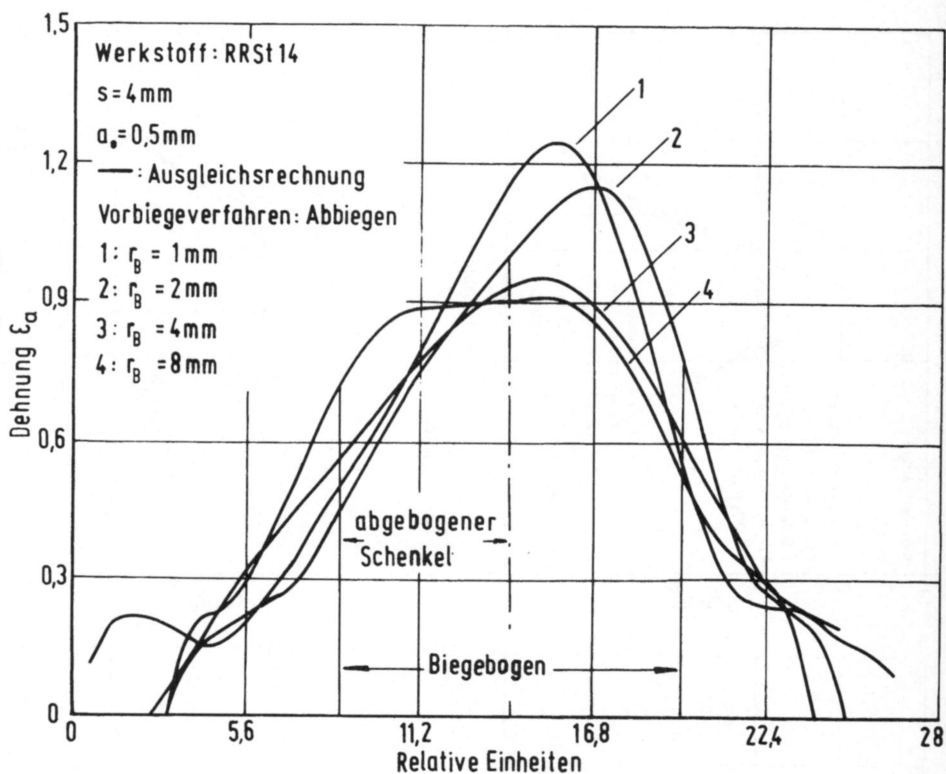

Bild 18: Dehnungsverteilung an scharfkantig auf 180° gebogenen Blechen bei Anwendung verschiedener Biegekantenhalbmesser beim Vorbiegen

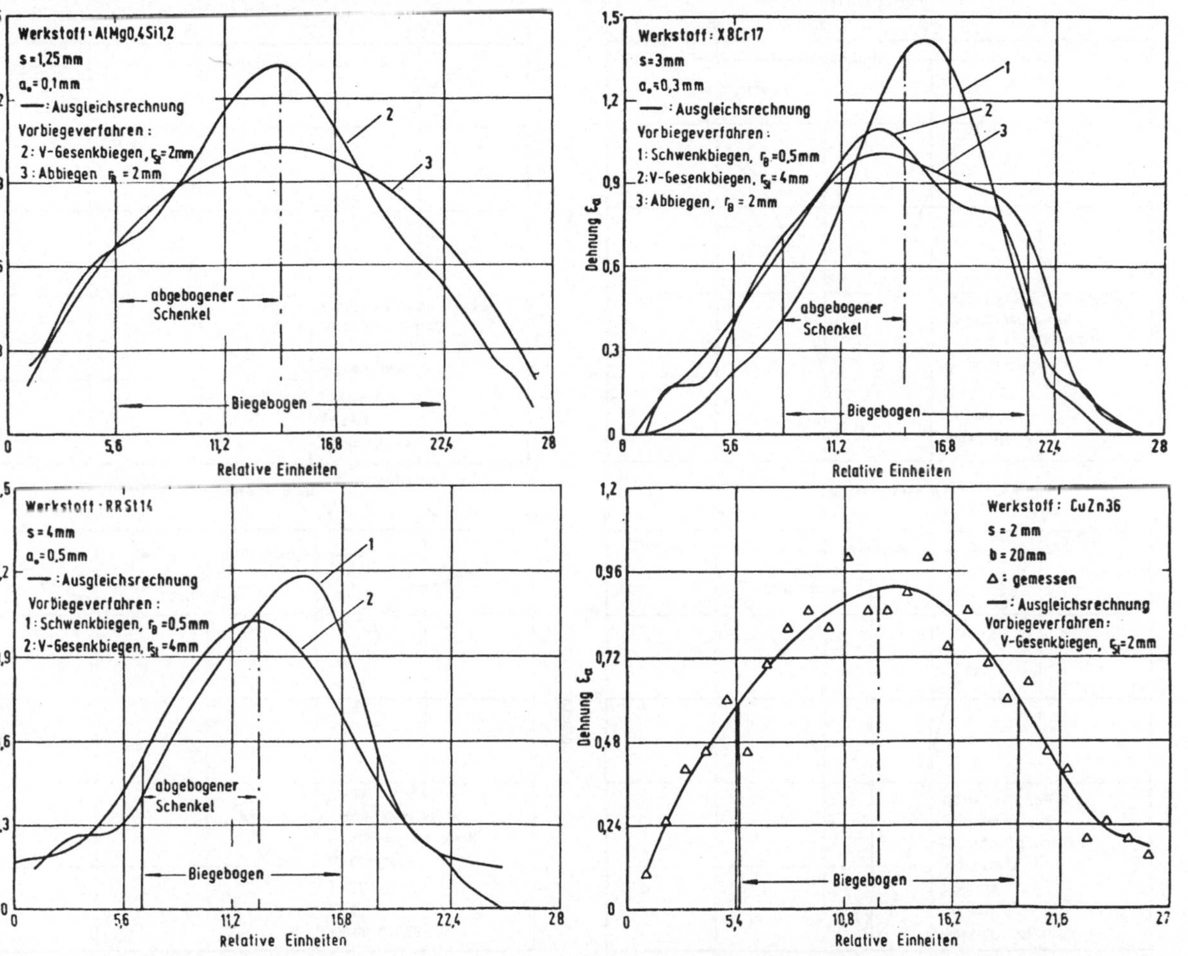

an 1008 Biegeteilen aus verschiedenen Werkstoffen

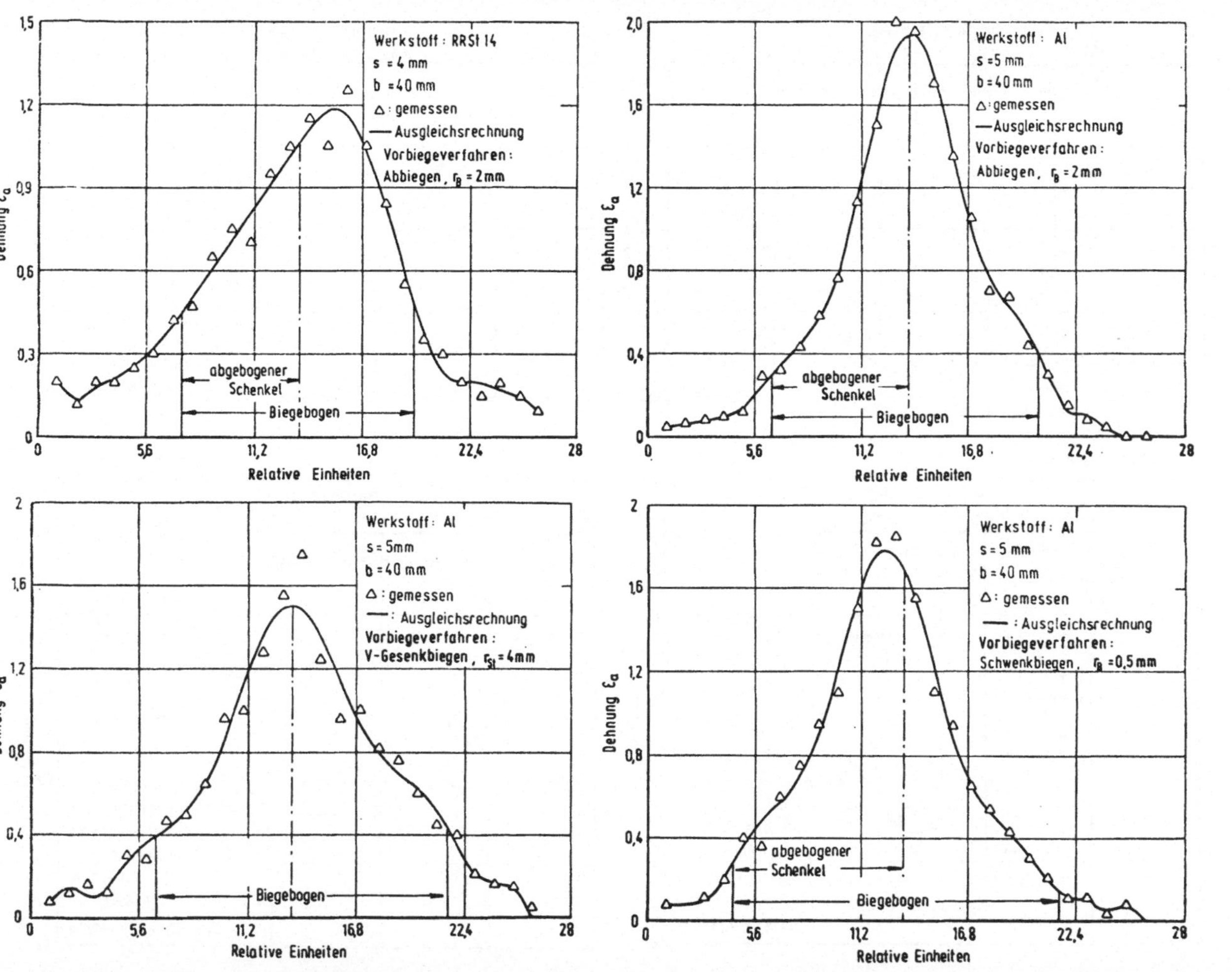
Werkstoff: RRSt 14
s = 4 mm
b = 40 mm
△: gemessen
— Ausgleichsrechnung
Vorbiegeverfahren:
Abbiegen, r_B = 2mm
abgebogener Schenkel
Biegebogen
Dehnung ε_a
Relative Einheiten

Werkstoff: Al
s = 5 mm
b = 40 mm
△: gemessen
— Ausgleichsrechnung
Vorbiegeverfahren:
Abbiegen, r_B = 2mm
abgebogener Schenkel
Biegebogen
Dehnung ε_a
Relative Einheiten

Werkstoff: Al
s = 5mm
b = 40 mm
△: gemessen
— : Ausgleichsrechnung
Vorbiegeverfahren:
V-Gesenkbiegen, r_St = 4mm
Biegebogen
Dehnung ε_a
Relative Einheiten

Werkstoff: Al
s = 5 mm
b = 40 mm
△: gemessen
— : Ausgleichsrechnung
Vorbiegeverfahren:
Schwenkbiegen, r_B = 0,5 mm
abgebogener Schenkel
Biegebogen
Dehnung ε_a
Relative Einheiten

Bild 21: scharfkantig auf 180° gebogenes Stahlblech (s=8 mm)
aus dem Werkstoff St 37 K

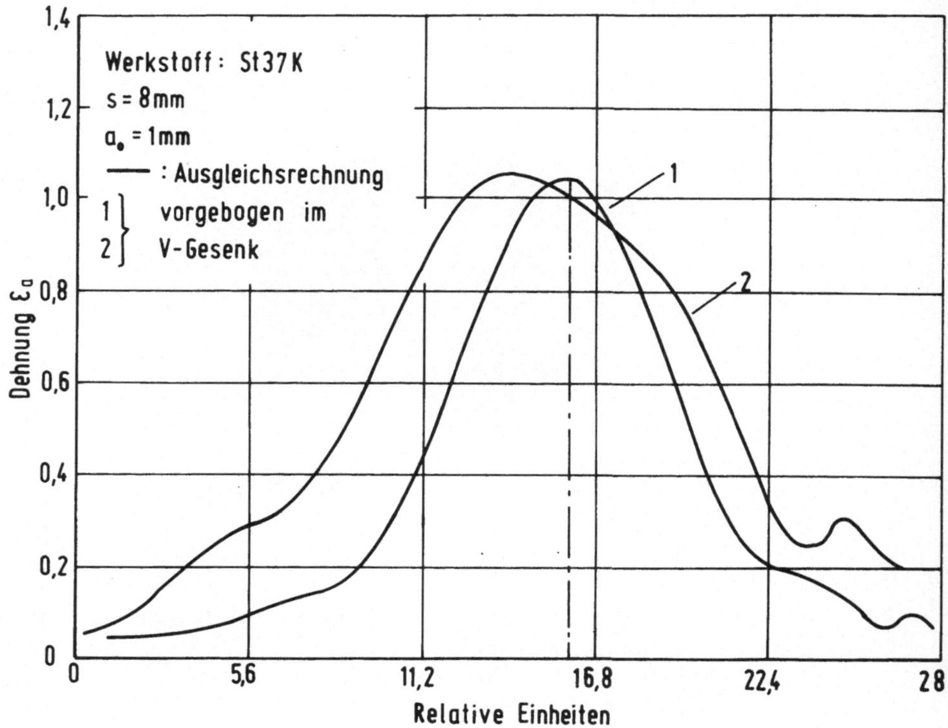

Bild 22: Dehnungsverteilung an dicken Stahlblechen
      Kurve 1: Werkstoff im Anlieferungszustand; Versagen
             tritt ein bei einem Biegewinkel von 124°
      Kurve 2: Werkstoff geglüht (2h/870 K), Ofen ab.
      Ergebnis: vgl. Bild 21

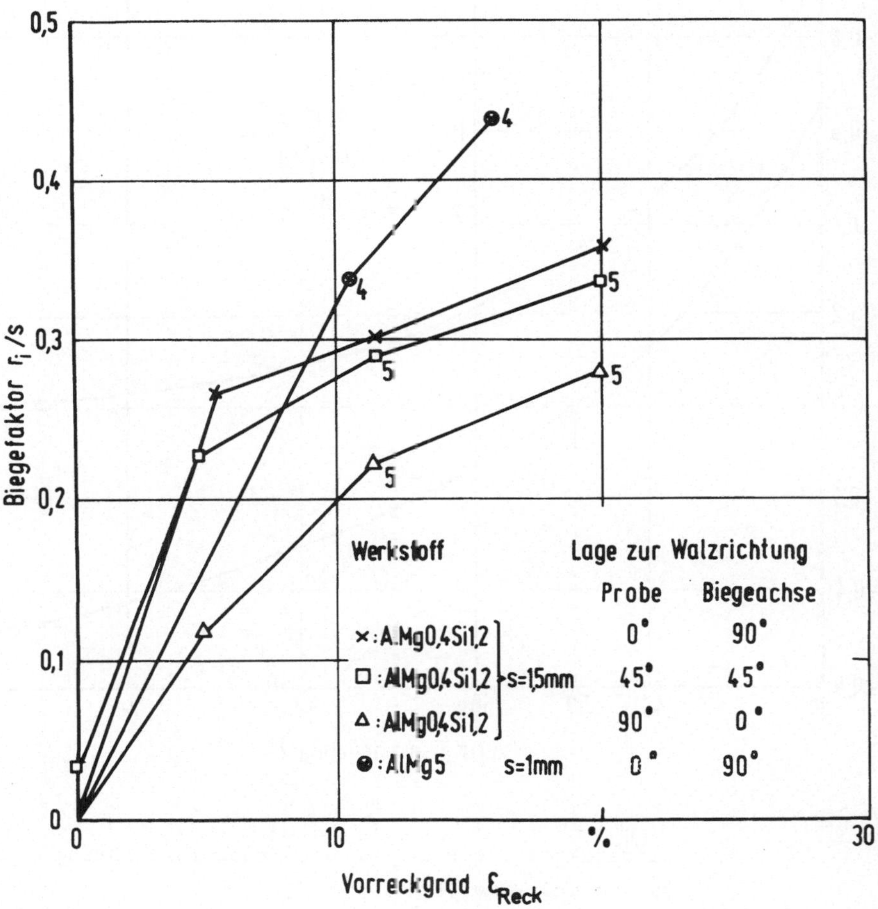

Bild 23: Einfluß einer einachsigen Vorreckung auf die Biegbarkeit von Al-Legierungen

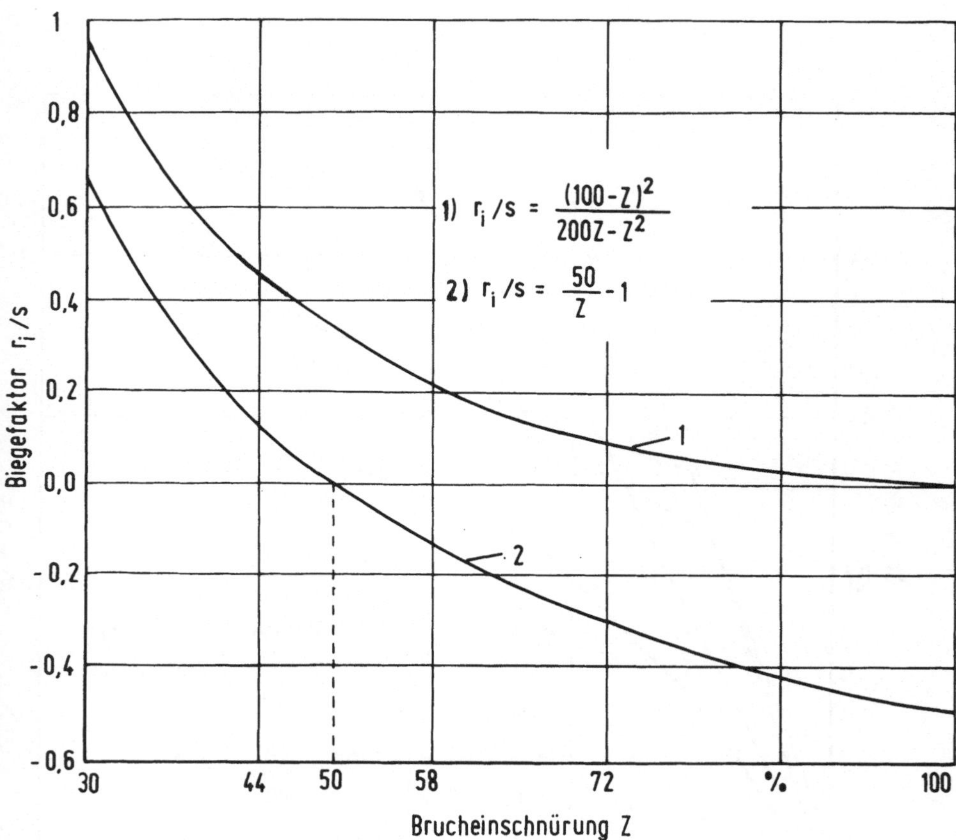

Bild 24: Biegefaktor als Funktion der Brucheinschnürung nach Datsko und Yang [5]

Tabelle 1: Bezogene Bruchkraft beim Aufbiegen von 180° - Biegeteilen

Bezogene Bruchkraft N/mm^2	Innenradius nach dem Vorbiegen				
	V - Gesenkbiegen				Schwenkbiegen
	$r_i = 15$ mm		$r_i = 2$ mm		$r_i = 0.5$ mm
	Fertigbiegen		Fertigbiegen		Fertigbiegen
Werkstoff	mit Behinderung	ohne Behinderung	mit Behinderung	ohne Behinderung	mit Behinderung
CuZn 36 Biegeachse 90° WR	56 ± 3	57 ± 3	59 ± 1	59 ± 2	46 ± 4
RRSt 1403 Biegeachse 0° WR	105 ± 10	127 ± 17	119 ± 14	139 ± 10	109 ± 10
RRSt 1403 Biegeachse 45° WR und 90° WR	214 ± 6	231 ± 10	220 ± 10	224 ± 15	199 ± 7

Tabelle 2: Ergebnis der Biegeversuche an kreiszylindrischen
Biegeteilen aus AlMg 0,4 Si 1,2 in Abhängigkeit
von der Zargenresthöhe h und vom Stempelkantenhalbmesser r_{St} beim Tiefziehen.

0 steht für Versagen, 1 für fehlerfreie Teile.

r_{St} (mm)	h (mm)					
	4	5	6	8	10	15
1.0	0	0	0	1	1	0
2.5	0	0	0	1	1	0
4.5	0	0	0	1	1	0

Tabelle 3: Gegenüberstellung der Brucheinschnürungswerte im Zugversuch mit den Ergebnissen beim
scharfkantigen 180° - Biegen. 0 steht für Versagen, 1 für anrißfreie Biegeteile.

| Werkstoff | Lage zur Walzrichtung | | Blechdicke (mm) | Blechbreite (mm) | Brucheinschnürung(%) | Ergebnis |
	Probe	Biegeachse				
AlMg 0,4 Si 1,2	0°	90°	1.25	20	51 ± 4	0
	45°	45°	1.25	20	52 ± 4	0
	90°	0°	1.25	20	59 ± 4	1
AlMg 5	0°	90°	1.0	20	65 ± 5	1
	45°	45°	1.0	20	61 ± 5	1
	90°	0°	1.0	20	61 ± 5	1
St 37 K			5.0	15	50 ± 2	1
			5.0	20	44 ± 2	0
			5.0	25	46 ± 2	0
			5.0	30	44 ± 2	0

29 **Untersuchungen über das Aufweittiefziehen**
Von P. S. Raghupathi, M. E. ISBN 3-7736-0780-6.
80 Seiten Text u. 54 Seiten mit 73 Bildern u. 2 Tafeln.   32,— DM

30 **Faltenbildung als Verfahrensgrenze beim Stauchen von Hohlkörpern**
Von Dipl.-Ing. Klaus Dieterle. ISBN 3-7736-0781-4.
55 Seiten Text u. 35 Seiten mit 43 Bildern u. 3 Tafeln.   28,— DM

31 **Beitrag zur Ermittlung von Fließkurven im kontinuierlichen hydraulischen Tiefungsversuch**
Von Dipl.-Ing. Franc Gologranc. ISBN 3-7736-0785-7.
125 Seiten Text u. 58 Seiten mit 95 Bildern u. 6 Tafeln.   Vergriffen

32 **Untersuchungen an Strangpreßmatrizen**
Von Dipl.-Ing. Klaus Gieselberg. ISBN 3-7736-0786-5.
101 Seiten Text u. 56 Seiten mit 69 Bildern.   45,— DM

33 **Beitrag zur Messung der Strangoberflächentemperatur beim Strangpressen**
Von Dipl.-Ing. Karl-Heinz Friedrich. ISBN 3-7736-0787-3.
83 Seiten Text u. 90 Seiten mit 84 Bildern u. 3 Tafeln.   48,— DM

34 **Über das Umformverhalten von Blechen aus Titan und Titanlegierungen**
Von Dipl.-Ing. Hans Wilhelm. ISBN 3-7736-0788-1.
107 Seiten Text u. 69 Seiten mit 76 Bildern u. 13 Tafeln.   48,— DM

35 **Untersuchung der magnetischen Induktion, Stromdichte und Kraftwirkung bei der Magnetumformung**
Von Dipl.-Ing. Volker Schmidt. ISBN 3-7736-0789-X.
60 Seiten Text u. 53 Seiten mit 84 Bildern.   21,— DM

36 **Der Stofffluß beim kombinierten Napffließpressen**
Von Dipl.-Ing. Rolf Geiger. ISBN 3-7736-0790-3.
111 Seiten Text u. 74 Seiten mit 80 Bildern u. 6 Tafeln.   Vergriffen

37 **Beitrag zum Verhalten superplastischer Werkstoffe beim Massivumformen**
Von Dipl.-Ing. Hans Schelosky. ISBN 3-7736-0791-1.
123 Seiten Text u. 61 Seiten mit 60 Bildern u. 4 Tafeln.   48,— DM

38 **Energieumsatz beim elektrohydraulischen Umformen**
Von Dipl.-Ing. Hans-Joachim Weckerle. ISBN 3-7736-0792-X.
103 Seiten Text u. 46 Seiten mit 56 Bildern.   45,— DM

39 **Elastische Wechselwirkungen an Gestell und Hauptgetriebe weggebundener Pressen**
Von Dipl.-Ing. Lutz Schemperg. ISBN 3-7736-0793-8.
91 Seiten Text u. 58 Seiten mit 65 Bildern u. 3 Tafeln.   45,— DM

40 **Über das plastische Verhalten von Sintermetallen bei Raumtemperatur**
Von Dipl.-Ing. Hartmut Höneß. ISBN 3-7736-0794-6.
84 Seiten Text u. 54 Seiten mit 67 Bildern u. 2 Tafeln.   45,— DM

41 **Untersuchungen zum Halbwarmfließpressen von Stahl**
Von Dr.-Ing. Rolf Geiger, Dipl.-Ing. Eckart Dannenmann und Dipl.-Ing. Jean Stefanakis.
ISBN 37736-0795-4. 50 Seiten Text u. 33 Seiten mit 34 Bildern u. 2 Tafeln.   Vergriffen

42 **Änderung der Werkstoffeigenschaften beim Ziehen von zylindrischen Hohlkörpern aus austenitischen und ferritischen nichtrostenden Stählen**
Von Dipl.-Ing. Rolf Zeller. ISBN 3-7736-0796-2.
80 Seiten Text u. 52 Seiten mit 34 Bildern u. 2 Tafeln.   38,— DM

43 **Untersuchungen über das Fließpressen superplastischer Werkstoffe**
Von Dr.-Ing. Hans Schelosky. ISBN 3-7736-0797-0.
36 Seiten Text u. 24 Seiten mit 26 Bildern u. 1 Tafel.   30,— DM

44 **Umformende Bearbeitung in flexiblen Fertigungssystemen**
Von Dipl.-Ing. Hartmut Kaiser. ISBN 3-7736-0798-9.
87 Seiten Text u. 24 Seiten mit 47 Bildern.   36,— DM

45 **Geometrische Eigenschaften tiefgezogener kreiszylindrischer Näpfe**
Von Dipl.-Ing. Dieter Schlosser. ISBN 3-7736-0799-7.
107 Seiten Text u. 64 Seiten mit 60 Bildern u. 9 Tafeln.   48,— DM

46 **Die Eigenschaften einer AlZnMgCu-Legierung nach ausgewählten Kombinationen von Wärmebehandlung und Kaltumformung**
Von Dipl.-Ing. Karl Hankele. ISBN 3-7736-0880-2.
86 Seiten Text u. 51 Seiten mit 52 Bildern u. 4 Tafeln.   45,— DM

47 **Kaltmassivumformen von Sintermetall**
Von Dipl.-Ing. Hans Dieter Schacher. ISBN 3-7736-0881-0.
84 Seiten Text u. 44 Seiten mit 47 Bildern u. 5 Tafeln.   42,— DM

48 **Rechnerunterstützte Arbeitsplanerstellung und Kostenrechnung beim Kaltmassivumformen von Stahl**
Von Dipl.-Ing. Peter Noack. ISBN 3-7736-0882-9.
216 Seiten Text u. 116 Seiten mit 134 Bildern u. 23 Tafeln.   65,— DM

49 **Beitrag zur beanspruchungsgerechten Auslegung von rotationssymmetrischen Fließpreßmatrizen**
Von Dipl.-Ing. Günther Krämer. ISBN 3-7736-0883-7.
94 Seiten Text u. 53 Seiten mit 56 Bildern.   48,— DM

50 **Erzeugung gratfreier Schnittflächen durch Aufteilen des Schneidvorgangs (Konterschneiden)**
Von Dipl.-Ing. Heinz Liebing. ISBN 3-7736-0884-5.
87 Seiten Text u. 51 Seiten mit 55 Bildern u. 4 Tafeln.   46,— DM

Die Berichte 1 bis 28 sind zu beziehen durch das Institut für Umformtechnik, Holzgartenstr. 17, 7000 Stuttgart 1
Die Berichte 29 bis 50 sind zu beziehen durch den Verlag W. Girardet, Postfach 9, 4300 Essen

Die Berichte 51 und folgende sind zu beziehen durch den Springer-Verlag, Berlin Heidelberg New York